建设工程检测机构技术与质量管理实务

吴 刚 张海芳 王 荆 张 静 编著

U0171929

黄河水利出版社

·郑 州·

图书在版编目(CIP)数据

建设工程检测机构技术与质量管理实务/吴刚等编著.—郑州:黄河水利出版社,2022.8

ISBN 978-7-5509-3340-8

Ⅰ.①建…　Ⅱ.①吴…　Ⅲ.①建筑工程-检测机构-技术管理②建筑工程-检测机构-质量管理　Ⅳ.①TU712

中国版本图书馆 CIP 数据核字(2022)第 134665 号

组稿编辑:岳晓娟　电话:0371-66020903　E-mail:2250150882@qq.com

出　版　社:黄河水利出版社　　　　　　　　　　网址:www.yrcp.com
　　　　　　地址:河南省郑州市顺河路黄委会综合楼14层　邮政编码:450003
发行单位:黄河水利出版社
　　　　　　发行部电话:0371-66026940、66020550、66028024、66022620(传真)
　　　　　　E-mail:hhslcbs@126.com
承印单位:河南新华印刷集团有限公司
开本:787 mm×1 092 mm　1/16
印张:12.75
字数:295 千字　　　　　　　　　　　　　　　印数:1—1 000
版次:2022 年 8 月第 1 版　　　　　　　　　　印次:2022 年 8 月第 1 次印刷

定价:68.00 元

前　言

当前,我国建设工程检测机构主要以工程质量监督站内部的实验室、建设施工企业中的内部实验室、科研院校内部的实验室、社会独立法人检测机构等四种形式存在,其中社会独立法人检测机构是主要力量。

在工程检验检测机构的运行过程中,每一位工作人员都有自己的岗位职责,履职情况好坏直接影响所出具的数据和结果;任何一位工作人员主观上或是客观上的不尽职,都有可能造成质量事故,出现灾难性后果。在检验检测机构管理体系运行中,技术负责人和质量负责人更是起着举足轻重的作用。因技术负责人和质量负责人失职渎职、弄虚作假、伪造数据而造成质量事故的现象也不断发生。

为更好地服务建设工程检测机构,特别是给技术负责人和质量负责人提供操作借鉴和指南,作者作为长期从事一线检测、管理的技术人员,结合多年的建设工程检测技术与质量管理经验,编写了《建设工程检测机构技术与质量管理实务》。本书主要以中华人民共和国国家标准《房屋建筑和市政基础设施工程质量检测技术管理规范》(GB 50618—2011)中所规定的技术负责人和质量负责人岗位职责为出发点,细化实化了两者的岗位职责,为正确履行其职责提供了可具操作性的路径,从而确保其所在机构出具的数据和结果准确可靠,把好建设工程质量关键环节。

本书共分四章,主要内容有第一章绪论、第二章检验检测的基础知识、第三章技术管理实务、第四章质量管理实务。具体编写人员及编写分工为:吴刚撰写前言、第一章、第三章和第四章第一节;张海芳撰写第二章和第四章第三节;王荆撰写第四章第二、四、六节;张静撰写第四章第五节。吴刚负责全书统稿。本书得到著名工程质量检测专家、黄河水利科学研究院副总工程师冷元宝教授等的帮助,在此深表感谢!

由于水平所限,本书可能存在一定的不足,请读者不吝批评指正,以便我们下次修订时改正。

吴　刚

2022 年 4 月

目　录

第一章　绪　论

第一节　概　述

在检验检测机构运行过程中,各人员都有自己的岗位职责,履职情况好坏直接影响所出具数据和结果的准确性与科学性,无论主观上还是客观上的不尽职,都有可能造成质量事故,出现灾难性后果。尤其在检验检测机构管理体系运行中,技术负责人和质量负责人起着举足轻重的作用,因技术负责人和质量负责人失职渎职甚至弄虚作假伪造数据受到的处罚或造成的质量事故也不断发生。

本书主要以《房屋建筑和市政基础设施工程质量检测技术管理规范》(GB 50618—2011)中所规定的技术负责人和质量负责人岗位职责为出发点,细化实化了两者的岗位职责,为使两者不出差错,确保其检验检测机构所出具的数据和结果准确可靠,把好建设工程质量关键环节关,为正确履行其职责提供了可具操作性的路径。

第二节　技术和质量管理及其相互关系

一、技术和质量管理含义

质量管理、技术管理和行政管理是检验检测机构管理的三个方面,技术管理是检验检测机构工作的主线,质量管理是技术管理的保障,行政管理是技术管理资源的支撑,详见图 1-1。

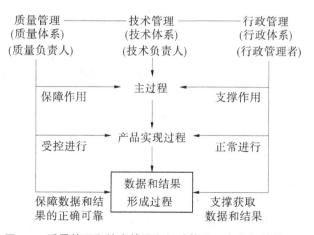

图 1-1　质量管理和技术管理和行政管理三者之间的关系

(一) 质量管理

质量管理是指检验检测机构进行检验检测时,与工作质量有关的相互协调的活动。质量管理可分为质量策划、质量控制、质量保证和质量改进等,质量管理可保障技术管理,规范行政管理。

(二) 技术管理

技术管理是指检验检测机构从识别客户需求开始,将客户的需求转化为过程输入,利用技术人员、设施、设备等资源开展检验检测活动,通过检验检测活动得出数据和结果,形成检验检测机构报告或证书的全流程管理。对检验检测的技术支持活动,如仪器设备、试剂和消耗性材料的采购,仪器设备的检定和校准服务等也属于技术管理的一部分。

(三) 行政管理

行政管理是指检验检测机构的法律地位的维持、机构的设置、人员的任命、财务的支持和内外部保障等。

二、技术管理和质量管理的关系

(一) 相互独立

质量管理和技术管理是检验检测机构管理的两个方面,岗位不同,工作内容与着重点自然也不同,质量负责人和技术负责人都有具体的职责和权限。技术负责人侧重于技术活动的运作,与检测活动有关的人、机、料、法、环都要达到要求,例如人员的能力、设备的使用、样品和消耗品的控制管理、方法的选择、检测环境的控制等,通过有效的手段和决策的实施以保证检验检测机构检测结果和数据的准确。而质量负责人则侧重于对体系运行的保证和维护,包括管理规定的健全,不符合情况的监控,关注客户的要求,执行客户满意度调查,以及管理体系内部的定期审核评价,接受外部审核,改进跟踪。质量和技术两个方面的管理,权责明确、岗位平等,工作相对独立,是检验检测机构管理的统一方面,从不同的角度共同推进和完善检验检测机构的管理,保证检验检测机构的检测质量。

(二) 相互配合

在具体的各项检测活动中,质量和技术就像一对孪生兄弟,形影不离,往往是既有技术的形貌,也有质量的影子。例如《检验检测机构资质认定能力评价　检验检测机构通用要求》(RB/T 214—2017)(简称《通用要求》)"4.5.4 检验检测机构应建立和保持评审客户要求、标书、合同的程序"要素,合同评审的主体,合同评审的流程,合同评审的输入、输出,合同评审的记录等都需要从质量管理的角度提出要求,但是合同评审过程本身却是一个技术活动的过程,需要从技术的角度确定合同是否可行,是否可以进行检测,是否能保证检测结果的准确等;再例如"4.5.11 检验检测机构应建立和保持记录管理程序"要素,记录的及时、记录的完整、记录的清晰、记录的编号、记录的更改、记录的归档等都是质量要求,此要素也是管理要求的一部分,但是记录的准确性则必须从技术的角度给予保证,必须符合数据的采集、数据的修约、极限数据的处理、临界数据的处理要求等;同样,例如"4.5.18 检验检测机构应建立和保持样品管理程序"要素,样品处置的要求就同时包括质量和技术部分,不能影响检测数据的准确和结果的判断,同时也需要满足相关的流程要求和保密要求。质量管理和技术管理相生相容,可以说是你中有我,我中有你,相互依赖,共同发展。很多问题表现出来的是管理问题、质量问题,但要真正解决,则要靠技术手段;同样是技术问题,也需要用质量方法去固化、去推动。

(三)相互监督

质量负责人和技术负责人不仅需要相互配合,还需要相互监督。单从质量或技术的角度考虑问题,往往是不全面、容易走向极端的,这就需要双方相互监督,共同进步。不重视技术,结果是检测数据不准确,试验结果有误,造成无法弥补的问题。同样,不重视质量,管理混乱,技术无法固化,同样的问题可能重复发生,而且浪费人力、物力,也不利于检验检测机构的发展。只有质量负责人和技术负责人配合起来,协调一致,检验检测机构才能更好更快地持续发展。

三、质量与技术的结合

(一)互相渗透

质量与技术既相互配合又相互监督,每一个都是整体的一部分。因此,如果质量负责人懂技术,技术负责人懂质量,那么在实际工作中,双方的配合与监督将更容易进行,双方的交流更容易达成共识,从而高质高效地解决检验检测机构这个整体存在的问题。技术负责人懂质量,就可以用质量管理的手段为技术服务,那么,保证检测结果的一致性、准确性,控制影响检测的关键环节,使先进的技术固化,就更容易实现。若质量负责人懂技术,则对关键质量控制点的选择,对内部检查审核点,对不符合的处理,对纠正措施的验证,都会更准确和有效,也更容易提高质量工作的质量和效率。在检验检测机构管理中,需要培养具备质量知识的技术负责人和具有良好技术背景的质量负责人,其中复合型人才是最佳的选择。

(二)互相分享

检测活动的每一个环节都可能既涉及质量又涉及技术,因此质量负责人和技术负责人的共同参与、协调一致就变得更为重要。双方侧重点不同,考虑问题的角度不同,更容易从不同的专业方向挖掘出深层次的原因和改进举措,更容易擦碰出智慧的火花,推进检验检测机构的发展。因此,质量负责人与技术负责人之间需要经常沟通、乐学乐教,取长补短,共同推进。

对于检验检测机构而言,数据和结果为最终输出的"产品";只有质量负责人和技术负责人正确履职,质量与技术两手都要抓,两手都要硬,才能制造出客户满意的"优质产品",才能使检验检测机构持续改进、不断迈上新台阶。

第三节 技术负责人的任职要求和岗位职责

一、任职要求

检验检测机构的技术负责人应具有工程类专业中级及其以上技术职称,掌握相关领域知识,具有规定的工作经历和检验检测工作经验。熟悉国家和行业有关规范、规程及检测技术标准,从事相应专业检验检测工作不少于3年。

检验检测机构应由技术负责人全面负责技术运作。技术负责人可以是一人，也可以是多人，以覆盖检验检测机构不同的技术活动范围。对于规模较大、多领域的检验检测机构，可以设置多名或每个专业各设立一名，在一名总技术负责人的领导下，由多名技术负责人组成技术管理层负责技术工作。如见证取样、主体结构、室内环检和建筑节能等检测领域可以分别设立技术负责人。

二、岗位职责

(1)全面负责检验检测活动的技术运作，对技术问题进行分析判断和处理。

(2)确定技术管理层的人员及其职责，确定各检测项目的负责人。

(3)主持制订并签发检测人员的培训计划，监督培训计划的实施。

(4)主持对检测质量有影响的服务和产品供应商的评价，并签发合格供应商名单。

(5)主持收集使用标准的最新有效版本，组织检测方法的确认及检测资源的配置。

(6)主持检测结果测量不确定度的评定。

(7)主持检测信息及检测档案管理工作。

(8)按照技术管理层的分工批准或授权有相应资格的人批准和审核相应的检测报告。

(9)主持合同评审，对检测合作单位进行能力确认。

(10)检查和监督安全作业和环境保护工作。

(11)批准作业指导书、检测方案等技术文件。

(12)批准检测类设备的分类。批准检测设备的周期校准或周期检定计划并监督执行。

(13)批准检验检测结构比对计划和参加本地区组织的能力验证，并对其结果的有效性进行组织评价。

(14)主持检测技术人员技术能力的确认。

(15)主持新开展检测项目的可行性论证。

第四节　质量负责人的任职要求和岗位职责

一、任职要求

检验检测机构的质量负责人应具有工程类专业中级及其以上技术职称，掌握相关领域知识，具有规定的工作经历和检测工作经验。熟悉《通用要求》，具有组织本检验检测机构管理体系有效运行和持续改进的管理能力。从事相应专业检验检测工作不少于3年。

二、岗位职责

(1)组织管理(质量)手册和程序文件的编制、修订，并组织实施。

(2)对管理体系的运行进行全面监督，主持制订应对风险和机遇的措施、纠正措施，对纠正措施执行情况组织跟踪验证,持续改进管理体系。

(3)主持对检测投诉的处理,代表检测机构参与检测争议的处理。

(4)编制内部管理体系审核计划,主持内部审核工作的实施,签发内部审核报告。

(5)编制管理评审计划,协助最高管理者做好管理评审工作,组织起草管理评审报告。

(6)负责检测人员培训计划的落实工作。

(7)主持检测质量事故的调查和处理,组织编写并签发事故调查报告。

第二章　检验检测的基础知识

第一节　数值修约与极限数值的表示和判定

在检验检测机构的日常工作中,对数据的处理除另有规定外,应执行国家现行规范《数值修约规则与极限数值的表示与判定》(GB/T 8170—2008),以保证检验检测结果的公正性和准确性。

一、数值修约与有效数字

数值修约,指通过省略原数值的最后若干位数字,调整所保留的末位数字,使最后所得到的值最接近原数值的过程。经数值修约后的数值称为原数值修约值。

修约间隔,是指修约值的最小数值单位。修约间隔的数值一经确定,修约值即为该数值的整倍数。

数据的修约规则如下。

(一)确定修约间隔

(1)指定修约间隔为 10^{-n}(n 为正整数),或指明将数值修约到 n 位小数。

(2)指定修约间隔为 1,或指明将数值修约到"个"数位。

(3)指定修约间隔为 10^n(n 为正整数),或指明将数值修约到 10^n 数位,或指明将数值修约到"十""百""千"……数位。

(二)进舍规则

(1)拟弃数字的最左一位数字小于 5,则舍去,保留其余各位数字不变。

【例 2-1】　将 12.149 8 修约到个数位,得 12;将 12.149 8 修约到一位小数,得 12.1。

(2)拟弃数字的最左一位数字大于 5,则进一,即保留数字的末位数字加 1。

【例 2-2】　将 1268 修约到"百"数位,得 $13×10^2$(修约间隔明确时,可写为 1 300)。

(3)拟弃数字的最左一位数字是 5,且其后有非 0 数字时进一,即保留数字的末位数字加 1。

【例 2-3】　将 10.500 2 修约到个数位,得 11。

(4)拟弃数字的最左一位数字为 5,且其后无数字或皆为 0 时,若所保留的末位数为奇数(1,3,5,7,9),则进一,即保留数字的末位数字加 1;若所保留的末位数为偶数(0,2,4,6,8),则舍去。

【例 2-4】　将 0.35 修约,修约间隔为 0.1(或 10^{-1}),修约值为 $4×10^{-1}$(0.4)。

【例 2-5】　将 2 500 修约,修约间隔为 1 000(或 10^3),修约值为 $2×10^3$(2 000)。

(5)负数修约时,先将它的绝对值按上述的(1)~(4)的规定进行修约,然后在所得值前面加上负号。

【例2-6】　将-355修约到十位数,修约值为-36×10(-360)。

【例2-7】　将-0.036 5修约到三位小数,修约值为-36×10⁻³(-0.036)。

(三)不允许连续修约

(1)拟修约数字应在确定修约间隔或指定修约数位后一次修约获得结果,不得多次连续修约。

【例2-8】　将15.454 6修约,按修约间隔为1,修约值为15。不正确的做法:15.4546→15.455→15.46→15.5→16。

(2)在具体实施中,有时测试与计算部门先将获得数值按指定的修约数多一位或几位报出,而后由其他部门判定。为避免产生连续修约的错误,应按下述步骤进行。

①报出数值最右的非零数字为5时,应在数值右上角加"+"或加"-"或不加符号,分别标明已进行过舍、进或未舍未进。

【例2-9】　16.50⁺表示实际值大于16.50,经修约舍弃为16.50;16.50⁻表示实际值小于16.50,经修约进一为16.50。

②如对报出值进行修约,当拟舍弃数字的最左一位数字为5,且其后无数字或皆为零时,数值右上角加"+"者进一,有"-"者舍去。

【例2-10】　将下列数字修约到个数位(报出值多留一位至一位小数)。实测值15.454 6,报出值15.5⁻,修约值15;实测值-16.520 3,报出值-16.5⁺,修约值-17;实测值17.500,报出值17.5,修约值18。

(四)0.5单位修约与0.2单位修约

1.0.5单位修约

0.5单位修约是指按指定修约间隔对拟修约的数值0.5单位进行的修约。修约方法:将拟修约的数值X乘以2,按指定修约间隔对$2X$按前文"(二)进舍规则"的规定修约,所得数值($2X$修约值)再除以2。

【例2-11】　将下列数字修约到"个"数位的0.5单位修约。

拟修约数值X	$2X$	$2X$修约值	X修约值
60.25	120.50	120	60.0
60.38	120.76	121	60.5

【例2-12】　将下列数字修约到"0.01"的0.5单位修约。

拟修约数值X	$2X$	$2X$修约值	X修约值
1.034 8	2.069 6	2.07	1.035
0.341 5	0.683 0	0.68	0.340

2.0.2单位修约

0.2单位修约是指按指定修约间隔对拟修约的数值0.2单位进行的修约。修约方法:将拟修约的数值乘以5,按指定修约间隔对5按规定修约,所得数值(5修约值)再除以5。

【例 2-13】 将下列数字修约到"百"数位的 0.2 单位修约。

拟修约数值 X	5X	5X 修约值	X 修约值
830	4 150	4 200	840
−930	−4 650	−4 600	−920

【例 2-14】 将下列数字修约到"0.1"的 0.2 单位修约。

拟修约数值 X	5X	5X 修约值	X 修约值
1.034 8	5.174 0	5.2	1.04
0.341 5	1.707 5	1.7	0.34

二、有效数字及运算规则

(一)有效数字

有效数字,是指在分析工作中实际能够测量到的数字。能够测量到的是包括最后一位估计的、不确定的数字。我们把通过直读获得的准确数字叫作可靠数字;把通过估读得到的那部分数字叫作存疑数字。把测量结果中能够反映被测量大小的带有一位存疑数字的全部数字叫作有效数字。

如果计量结果 L 的极限误差不大于某一位上的半个单位,就说该位是有效数字的末位,并且如果该位到 L 的左起第一个非零数字一共有几位,就说 L 有几位有效数字。一个近似数有 n 个有效数字,也叫这个近似数有 n 位有效数字。

若计量结果不另写出计量误差,则计量结果数字一般宜写为有效数字。如:极限误差为 0.5×10^{-4} 的近似数 0.003 4,不应写成 0.003 400,否则就会被误以为 0.003 400 的极限误差为 0.5×10^{-6};又如,极限误差为 0.5×10^2 的近似数 5 600 应写成 56×10^2 而不是 5 600,因为写成 5 600 表示它的极限误差为 0.5。

计量的研究与检定结果必须附有不确定度项,此时,计量结果的最后一位应与不确定度处于同一位上。

在重要的计量结果中,结果或误差两者均可比上面所说的多取 1~2 位。

在判断有效数字时,要特别注意"0"这个数。它可以是有效数字,也可以不是有效数字,如 0.001 25 前面三个"0"都不是有效数字,而 274.00 的后面二个"0"都是有效数字。因为前者与计量的精度无关,而后者与计量的精度有关,如果随便去掉或增加小数末尾部分的 0,虽不会改变这个数的大小,却改变了这个近似数的精确度。

(二)有效数字的运算规则

在数字运算中,为提高计算速度,并注意到凑整误差的特点,有效数字的运算规则如下。

1. 加、减法计算规则

当几个数做加减运算时,在各数中以小数位数最少的为准,其余各数均凑成比该数多一位,小数所保留的多一位数字常称为安全数字。

【例 2-15】　$36.45-6.2\approx30.2;3.14+3.524\,3\approx6.66;7.8\times10^{-3}-1.56\times10^{-3}=6.2\times10^{-3}$。

2. 乘、除计算规则

当几个数做乘法、除法运算时在各数中以有效数字位数最少的为准,其余各数均凑成比该数多一个数字,而与小数点位置无关。

【例 2-16】　$1.1\times0.326\,8\times0.103\,00=0.037\,0\approx0.037$。

3. 开方、乘方计算规则

将数平方或开方后结果可比有效位数多保留一位或相同。

4. 复合运算规则

对于复合运算中间运算所得数字的位数应先进行修约,但要多保留一位有效数字。

【例 2-17】　$(603.21\times0.32)\div4.01\approx(603\times0.32)\div4.01\approx48.1$。

5. 计算平均值

计算平均值时,如有 4 个以上的数值进行平均,则平均值的有效位数可增加一位。

6. 对数计算

对数计算中,所取对数的有效数字应与真数的有效数字位数相同。所以,在查表时,真数有几位有效数字,查出的对数也应具有相同位数的有效数字。

7. 其他规则

若有效数字的第一位数为 8 或 9,则有效位数可增计一位;在所有的计算中,数 π、e 等的有效数字位数可以认为是无限的,需要几位就写几位。

三、测定值与极限数值比较的方法

(一)极限数值

标准(或其他技术规范)中规定考核的以数量形式给出的指标或参数等,应当规定极限数值。极限数值表示符合标准要求的数值范围的界限值,它通过给出最小极限值和(或)最大极限值,或给出基本数值与极限偏差值等方式表达。

【例 2-18】　钢中磷的残量<0.035%;

钢丝绳抗拉强度$\geqslant22\times10^2$ MPa;

硅酸盐水泥初凝时间不小于 45 min,终凝时间不大于 390 min;

80^{+2}_{-1} mm,指从 79 mm 到 82 mm 符合要求,+2 为绝对极限上偏差值,-1 为绝对极限下偏差值;

510 Ω(1±5%),指实测值或其计算值 $R(\Omega)$ 对于 510 Ω 的相对偏差从-5%到+5%符合要求;

80^{+2}_{-1} mm(不含 2),指从 79 mm 到接近但不足 82 mm 符合要求。

(二)测定值或其计算值与标准规定极限值做比较的方法

在判定测定值或其计算值是否符合标准要求时,应将测试所得的测定值或其计算值与标准规定的极限数值做比较,比较的方法有两种:①全数值比较法;②修约值比较法。

当标准或有关文件中,若对极限数值(包括带有极限偏差值的数值)无特殊规定,均应使用全数值比较法。如规定采用修约值比较法,应在标准中加以说明。

1. 全数值比较法

将测试所得的测定值或其计算值不经修约处理(或虽经修约处理,但应标明它是经舍、进或未进未舍而得),用该数值与规定的极限数值做比较,只要超出极限数值规定的范围(不论超出程度大小),都判定为不符合要求。

2. 修约值比较法

将测定值或其计算值进行修约,修约数位应与规定的极限数值数位一致。当测试或计算精度允许时,应先将获得的数值按指定的修约数位多一位或多几位报出,然后按规定的程序修约至规定的位数。将修约的数值与规定的极限数值进行比较,只要超出极限数值规定的范围(不论超出程度大小),都判定为不符合要求。

第二节　数据的统计处理与判断

一、数据的统计处理

随机误差分布的规律给数据处理提供了理论基础,但它是对无限多次测量而言的。实际工作中我们只做有限次测量,并把它看作是从无限总体中随机抽出的一部分,称为样本。样本中包含的个数叫样本容量,用 n 表示。

(一)数据集中趋势的表示

1. 平均值

算术平均值是指 n 次测定数据的平均值。

$$\bar{x} = \frac{x_1 + x_2 + \cdots + x_n}{n} = \frac{1}{n}\sum_{i=1}^{n} x_i \tag{2-1}$$

$\bar{x}$ 是总体平均值的最佳估计。对于有限次测定,测量值总朝算术平均值 $\bar{x}$ 集中,即数值出现在算术平均值周围;对于无限次测定,即 $n \to \infty$ 时, $\bar{x} \to \mu$。在统计学中,对样本的平均值用 $\bar{x}$ 表示,对全体数据的平均值用 μ 表示。算术平均值在统计学上的优点是较中位数更少受随机因素影响,缺点是容易受到极端数影响。

2. 中位数 M

将数据按大小顺序排列,位于正中间的数据称为中位数 M。当数据的项数 n 为奇数时,居中者即是中位数;当 n 为偶数时,正中间两个数据的平均值即是中位数。在一个等差数列或一个正态分布数列中,中位数就等于算术平均值。在数列中出现了极端变量值的情况下,用中位数作为代表值要比算术平均值更好,因为中位数不受极端变量值的影响,如果为了反映中间水平,应该用中位数。

(二)数据分散程度的表示

1. 极差 R(或称全距)

极差指一组平行测定数据中最大者(X_{max})和最小者(X_{min})之差。

$$R = X_{max} - X_{min} \tag{2-2}$$

2. 平均偏差与相对平均偏差

平均偏差是指单项测定值与平均值的偏差(取绝对值)之和,除以测定次数。它代表一组测量值中任意数值的偏差。所以,平均偏差不计正负。由于平均值反映了测定数据的集中趋势,因此各测定值与平均值之差也就体现了精密度的高低。精密度的高低取决于随机误差的大小,通常用偏差量度。

相对平均偏差是平均偏差除以平均值,以百分数计。

绝对偏差:

$$d_i = x_i - \bar{x} \quad (i = 1, 2, \cdots, n) \tag{2-3}$$

平均偏差:

$$\bar{d} = \frac{|d_1| + |d_2| + \cdots + |d_n|}{n} = \frac{1}{n} \sum_{i=1}^{n} |d_i| \tag{2-4}$$

相对平均偏差:

$$R_{\bar{d}} = \frac{\bar{d}}{\bar{x}} \times 100\% \tag{2-5}$$

3. 标准偏差与相对标准差(变异系数)

标准偏差(样本)也被称为标准差,是描述各数据偏离平均数的距离(离均差)的平均数,它是离差平方和平均后的方根。标准差是方差的算术平方根。标准差能反映一个数据集的离散程度,标准偏差越小,这些值偏离平均值就越少;反之亦然。

$$S = \sqrt{\frac{\sum_{i=1}^{n} (x_i - \bar{x})^2}{n - 1}} \tag{2-6}$$

相对标准偏差:也叫变异系数,用 C_v 表示,一般计算百分率。

$$C_v = \frac{S}{\bar{x}} \times 100\% \tag{2-7}$$

自由度:一般用 f 表示。简单地说,n 个样本,如果在某种条件下,样本均值是固定的,那么只剩 $n-1$ 个样本的值是可以变化的。

$$f = n - 1 \tag{2-8}$$

(三)平均值的置信区间

1. 置信度、置信(度)区间的定义

所谓置信度,也叫置信水平,它是指特定个体对待特定命题真实性相信的程度,也就是概率,是对个人信念合理性的量度。概率的置信度解释表明,事件本身并没有什么概率,事件之所以指派有概率,只是指派概率的人头脑中所具有的信念证据。置信度(置信水平)表示符号为 P。置信区间是指在某一置信水平下,样本统计值与总体参数值间的误差范围。置信区间越大,置信水平越高。

有时我们对某一件事会说"我对这个事有八成的把握"。这里的"八成把握"就是置信度,实际是指某事件出现的概率。

常用置信度:$P = 0.90$,$P = 0.95$;或 $P = 90\%$,$P = 95\%$。

2. 置信度区间

按照 t 分布计算,在某一置信度下以个别测量值为中心的包含有真值的范围,叫个别测量值的置信度区间。

t 的定义：

$$t = \frac{\bar{x} - \mu}{S}\sqrt{n} \tag{2-9}$$

t 分布曲线：t 分布曲线的纵坐标是概率密度，横坐标是 t，这时随机误差不是按正态分布，而是按 t 分布。t 分布曲线见图 2-1。

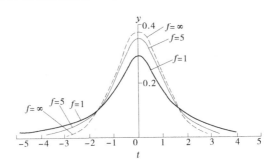

图 2-1　t 分布曲线

与正态分布关系：t 分布曲线随自由度 f 变化，当 $n \to \infty$ 时，t 分布曲线即是正态分布（u 分布）。

3. 平均值的置信区间

表示方法：

$$\mu = \bar{x} \pm t\frac{S}{\sqrt{n}} \tag{2-10}$$

含义：在一定置信度下，以平均值为中心，包括总体平均值的置信区间。

计算方法分成三步：

第一步：求出测量值的 $\bar{x}$、S、n。

第二步：根据要求的置信度与 f 值，从 t 分布值表中查出 t 值。

第三步：代入公式计算。

二、显著性检验与离群值取舍

(一) 显著性检验

常用的方法有两种：t 检验法和 F 检验法。

分析工作中常遇到两种情况：样品测定平均值和样品标准值不一致，两组测定数据的平均值不一致，需要分别进行平均值与标准值比较和两组平均值的比较。

1. 平均值与标准值的比较

1) 比较方法

用标准试样做几次测定，然后用 t 检验法检验测定结果的平均值与标准试样的标准值之间是否存在差异。

2) 计算方法

第一步：求 $t_{计算}$。

$$t_{\text{计算}} = \frac{|\bar{x} - \mu|}{S} \sqrt{n}。$$

第二步:根据置信度(通常取置信度95%)和自由度f,查t分布表中$t_{\text{表}}$值。

第三步:比较$t_{\text{计算}}$和$t_{\text{表}}$,若$t_{\text{计算}} > t_{\text{表}}$,说明测定的平均值出现在以真值为中心的95%概率区间之外,平均值与真实值有显著差异,说明有系统误差存在。

【例2-19】　某化验室测定标样中CaO含量得如下结果:CaO = 30.51%,$S = 0.05$,$n = 6$,标样中CaO含量标准值是30.43%,此操作是否有系统误差?(置信度为95%)

解:$t_{\text{计算}} = \dfrac{|\bar{x} - \mu|}{S} \sqrt{n} = \dfrac{|30.51 - 30.43|}{0.05} \sqrt{6} = 3.92$

查表:置信度95%,$f = 5$时,$t_{\text{表}} = 2.57$。比较可知$t_{\text{计算}} > t_{\text{表}}$。

说明:此操作存在系统误差。

2. 两组平均值的比较

1)比较方法

用两种方法进行测定,结果分别为$\bar{x}_1$,S_1,n_1;$\bar{x}_2$,S_2,n_2。然后分别用F检验法及t检验法计算后,比较两组数据是否存在显著差异。

2)计算方法

(1)精密度的比较——F检验法:

第一步:F的计算,$F_{\text{计算}} = \dfrac{S_{\text{大}}^2}{S_{\text{小}}^2} > 1$。

第二步:由$F_{\text{表}}$根据两种测定方法的自由度,查相应F值进行比较。

第三步:若$F_{\text{计算}} < F_{\text{表}}$,说明$S_{\text{大}}$和$S_{\text{小}}$差异不显著,进而用$t$检验平均值间有无显著差异。

若$F_{\text{计算}} < F_{\text{表}}$,说明$S_{\text{大}}$和$S_{\text{小}}$差异显著。

(2)平均值的比较:

第一步:求$t_{\text{计算}}$。

$$t_{\text{计算}} = \frac{\bar{x}_1 - \bar{x}_2}{S} \sqrt{\frac{n_1 n_2}{n_1 + n_2}}$$

若S_1与S_2无显著差异,取$S_{\text{小}}$作为S。

第二步:查t值表,自由度$f = n_1 + n_2 - 2$。

第三步:若$t_{\text{计算}} > t_{\text{表}}$,说明两组平均值有显著差异。

(二)离群值的取舍

离群值的判断和处理,应根据不同检测、试验目的采用不同的方法。检验检测机构可根据需要参考《数据的统计处理和解释　正太样本离群值的判断和处理》(GB/T 4883—2008)等相关的统计学规范按不同情况进行数据处理。

1. 定义

在一组平行测定数据中,有时会出现个别值与其他值相差较远,这种值叫离群值。

判断一个测定值是否为离群值,不是把数据摆在一块看一看,哪个离得远,哪个是离群值,而是要经过计算、比较才能确定。

一般常用的方法就叫 Q 检验法。Q 检验法又叫作舍弃商法,是迪克森(W. J. Dixon)在 1951 年专为分析化学中少量观测次数($n<10$)提出的一种简易判据式。

2. 检验方法

(1)求 $Q_{计算}$:$Q_{计算} = \dfrac{x_{离群} - x_{邻近}}{x_{最大} - x_{最小}}$。

即求出离群值与其最邻近的一个数值的差,再将它与极差相比就得 $Q_{计算}$ 值。

(2)比较:根据测定次数 n 和置信度查 $Q_{表}$,若 $Q_{计算}>Q_{表}$,则离群值应舍去,反之则保留离群值。

【例 2-20】 测定某溶液的浓度,得如下结果:0.101 4、0.101 2、0.101 6、0.102 5,问 0.102 5 是否应该舍弃?(置信度 90%)

解:第一步,求 $Q_{计算}$:$Q_{计算} = \dfrac{x_{离群}-x_{邻近}}{x_{最大}-x_{最小}} = \dfrac{0.102\ 5-0.101\ 6}{0.102\ 5-0.101\ 2} = 0.69$

第二步,比较:根据数据 $n=4$ 和置信度 90%,查表 2-1,$Q_{表}=0.76$,$Q_{计算}<Q_{表}$,因此保留此值。

表 2-1　90% 置信水平的 Q 临界值

数据数(n)	3	4	5	6	7	8	9	10	∞
Q_{90}	0.90	0.76	0.64	0.56	0.51	0.47	0.44	0.41	0.00

三、比对结果的有效性评价

(一)概念

实验室间比对是按照预先规定的条件,由两个或多个实验室对相同或类似的测试样品进行检测的组织、实施和评价,从而确定实验室能力、识别实验室存在的问题与实验室间的差异,是判断和监控实验室能力的有效手段之一。利用实验室间的比对,对实验室的校准或检测能力进行判定称为能力验证或实验室水平测试。实验室间比对是借助外部力量来提高实验室能力和水平。

实验室能力验证活动应按照《合格评定　能力验证的通用要求》(GB/T 27043—2012/ISO/IEC17043:2010)进行。

(二)实验室比对的目的

(1)评定实验室从事特定检测或测量的能力并监测实验室的持续能力。

(2)识别实验室存在的问题并启动改进措施,这些问题可能与诸如不适当的检测或测量程序、人员培训和监督的有效性、设备校准等因素有关。

(3)建立检测或测量方法的有效性和可比性。

(4)识别实验室之间的差异。

(5)根据比对结果,帮助参加实验室提高能力。

(6)确认实验室声称的不确定度。

(7)使客户抱有更高的信任度等。

(三)实验室比对结果的评价方法

（1）对于少数几家的实验室开展的比对方法,一般常应用于检测/校准实验室自行开展的实验室比对的方法,常采用 E_n 值进行评价:

$$E_n = \frac{x - X}{\sqrt{U_{lab}^2 + U_{ref}^2}} \tag{2-11}$$

式中,x 为参加者结果;X 为指定值;U_{lab} 为参加者的扩展不确定度;U_{ref} 为参考实验室的扩展不确定度。

能力判定:

①当 E_n 值的绝对值小于或等于 1 时,表明能力"满意",无须采取进一步措施。

②当 E_n 值的绝对值大于 1 时,表示能力"不满意",产生措施信号。

（2）当对于几十家或更多的机构开展比对方法,一般用于政府相关部门对检测/校准机构开展的能力验证行为,常采用 z 比分数进行评价:

$$z = \frac{x - X}{\hat{\sigma}} \tag{2-12}$$

式中,$\hat{\sigma}$ 为能力评定标准差。

$\hat{\sigma}$ 可由以下方法计算:

①与能力评价的目标和目的相符,由专家判定或法规规定(规定值)。

②根据以前轮次的能力验证得到的估计值或由经验得到的预期值(经验值)。

③由统计模型得到的估计值(一般模型)。

④由精密度试验得到的结果。

⑤由参加者结果得到的传统标准差或稳健标准差。

能力判定:

①当 z 值的绝对值小于或等于 2 时,表明能力"满意",无须采取进一步措施。

②当 z 值的绝对值大于或等于 3 时,表示能力"不满意",产生措施信号。

③当 z 值的绝对值大于 2 且小于 3 时,表示能力"有问题",产生警戒信号。

第三节　测量不确定度

检验检测机构在进行测量不确定度的评定工作中应遵照的主要标准有《测量不确定度评定与表示》(JJF 1059.1—2012)、《用蒙特卡罗法评定测量不确定度》(JJF 1059.2—2012)、《测量不确定度的要求》(CNAS-CL07:2011)等,另外不同检测领域的检验检测机构还可以参考《材料理化检验测量不确定度评估指南》(CNAS-GL10:2006)、《电器领域的测量不确定度指南》(CNAS-GL08:2006)、《石油石化领域理化检测测量不确定度评估指南及实例》(CNAS-GL28:2010)、《汽车和摩托车检测领域典型参数的测量不确定度评估指南》(2015 年第 1 次修订)(CNAS-GL35:2014)、《无线电领域测量不确定度评估指南及实例》(CNAS-GL38:2016)等标准。

一、测量不确定度的基本概念

在科学试验、产品生产、商业贸易及日常生活的各个领域,都要进行测量工作。测量的目的是确定被测量的值,由于测量的不准确,测量结果必有其分散性,这种分散性长期以来是以误差来描述的,它被定义为测量值与被测量值的真值之差。然而,众所周知,真值是无法明确的,在实际应用中往往采用约定真值(近似真值)来代替,而其本身就具有不确定度。因此,测量结果用误差来描述是不完善和不确切的。确切描述测量结果不确定性的参量是不确定度。

(一)定义

JJF 1059.1—2012 给出的测量不确定度(简称不确定度)的定义是"根据所用到的信息,表征赋予被测量分散性的非负参数"。它描述了测量结果正确性的可疑程度或不肯定程度。不确定度越小,则测量结果的可疑程度越小,可信程度越大,测量结果的质量越高,水平越高,其使用价值越高。测量不确定度有以下特征:

(1)测量不确定度包括由系统影响引起的分量,如与修正量和测量标准所赋量值有关的分量及定义的不确定度。有时对估计的系统影响未做修正,而是当作不确定度分量处理。

(2)此参数可以是诸如称为标准测量不确定度的标准偏差(或其特定倍数),或是说明了包含概率的区间半宽度。

(3)测量不确定度一般由若干分量组成。其中,一些分量可根据一系列测量值的统计分布,按测量不确定度 A 类评定,并可用标准偏差表征。而另一些分量则可根据基于经验或其他信息获得的概率密度函数,按测量不确定度的 B 类评定进行评定,也用标准偏差表征。

(4)通常,对于一组给定的信息,测量不确定度是相应于所赋予被测量的值的。该值的改变将导致相应的不确定度的改变。

(5)本定义是按 2008 版 VIM 给出的,而在 GUM 中的定义是:表征合理地赋予被测量之值的分散性,与测量结果相联系的参数。

(二)测量不确定度的来源和分类

1. 测量不确定度的来源

在实际测量中,有许多可能导致测量不确定度的来源。例如:

(1)被测量的定义不完整。

(2)被测量定义的复现不理想。

(3)取样的代表性不够,即被测样本可能不完全代表所定义的被测量。

(4)对测量过程受环境影响的认识不足或对环境的测量不完善。

(5)模拟式仪器的人员读数偏移。

(6)测量仪器的计量性能(如最大允许误差、灵敏度、鉴别力、分辨力、死区及稳定性等)的局限性,即导致仪器的不确定度。

(7)测量标准或标准物质提供的标准值的不准确。

(8)引用的常数或其他参数值的不准确。

（9）测量方法和测量程序的近似和假设。

（10）在相同条件下，被测量在重复观测中的变化。

测量不确定度的来源必须根据实际测量情况进行具体分析。分析时，除定义的不确定度外，还可从测量仪器、测量环境、测量人员、测量方法等方面全面考虑，特别要注意对测量结果影响较大的不确定度来源，应尽量做到不遗漏、不重复。

2. 测量不确定度的分类

尽管测量不确定度一般有以上 10 个方面的来源，但按评定方法可将其分为两类，即不确定度的 A 类评定和不确定度的 B 类评定。

不确定度的 A 类评定：用对观测列进行统计分析的方法来评定标准不确定度，称为不确定度的 A 类评定，有时也称 A 类不确定度评定。A 类不确定度评定以试验标准偏差表征。

不确定度的 B 类评定：用不同于对观测列进行统计分析的方法来评定标准不确定度，称为不确定度的 B 类评定，有时也称 B 类不确定度评定。B 类不确定度评定以估计的标准偏差表征。

合成标准不确定度：当测量结果是由若干个其他量的值求得时，按其他各量的方差或（和）协方差算得的标准不确定度。它是测量结果标准差的估计值，用符号 u_c 表示。

扩展不确定度：确定测量结果区间的量，合理赋予被测量值分布的大部分可望含于此区间。扩展不确定度有时也称展伸不确定度或范围不确定度。实际上，扩展不确定度是用合成标准不确定度的倍数表示的不确定度，通常用大写斜体英文字母 U 表示。

包含因子：包含因子是为求得扩展不确定度，对合成标准不确定度所乘之数字因子，有时也称为覆盖因子。包含因子等于扩展不确定度与标准不确定度之比，其值决定于扩展不确定度的置信概率。根据其含义可以概括为两种，$k = U/u_c$、$k_p = U_p/u_p$（p 为置信概率，即置信区间所需要的概率），一般为 2～3。

二、测量不确定度的评定

测量不确定度一般由若干分量组成，每个分量用其概率分布的标准偏差估计值表征，称标准不确定度。用标准不确定度表示的各分量用 u_i 表示。根据对 X_i 的一系列测得值 x_i 得到试验标准偏差的方法为 A 类评定。根据有关信息估计的先验概率分布得到标准偏差估计值的方法为 B 类评定。

在识别不确定度来源后，对不确定度各个分量做一个预估是有必要的，测量不确定度评定的重点应放在识别并评定那些重要的、占支配地位的分量上。

（一）测量不确定度评定流程

测量不确定度评定通常包括数学模型、求最佳值、各输入量标准不确定度分量的评定、合成标准不确定度及扩展不确定度评定、测量不确定度的报告与表示。

测量不确定度评定的典型流程如图 2-2 所示。

（二）测量模型的建立

测量中，当被测量（输出量）Y 由 N 个其他量 X_1，X_2，…，X_N（输入量），通过函数 f 来确定时，则式（2-13）称为测量模型：

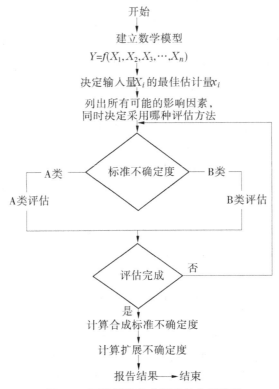

图 2-2 测量不确定度评定的典型流程

$$Y = f(X_1, X_2, \cdots, X_N) \tag{2-13}$$

式中,大写字母表示量的符号;f 为测量函数。

设输入量 X_i 的估计值为 x_i ,被测量 Y 的估计值为 y ,则测量模型可写成式(2-14)的形式:

$$y = f(x_1, x_2, \cdots, x_N) \tag{2-14}$$

测量模型与测量方法有关。

注意:在一系列输入量中,第 k 个输入量用 X_k 表示。如果第 k 个输入量是电阻,其符号为 R ,则 X_k 可表示为 R 。

例如:一个随温度 t 变化的电阻器两端的电压为 U ,在温度为 t_0(20 ℃) 时的电阻为 R_0,电阻器的温度系数为 α ,则电阻器的损耗功率 P(被测量)取决于 U、R_0、α 和 t ,即测量模型为:

$$P = f(U, R_0, \alpha, t) = U^2/R_0[1 + \alpha(t - t_0)]$$

用其他方法测量损耗功率 P 时,可能有不同的测量模型。

在简单的直接测量中测量模型可能简单到式(2-15)的形式:

$$Y = X_1 - X_2 \tag{2-15}$$

甚至简单到式(2-16)的形式:

$$Y = X \tag{2-16}$$

例如:用压力表测量压力,被测量(压力)的估计值 y 就是仪器(压力表)的示值 x 。

测量模型为 $y = x$。

输出量 Y 的每个输入量 $X_1, X_2, \cdots, X_N$ 本身可看作被测量,也可取决于其他量,甚至包括修正值或修正因子,从而可能导出一个十分复杂的函数关系,甚至测量函数 f 不能用显式表示出来。

物理量测量的测量模型一般根据物理原理确定。非物理量或在不能用物理原理确定的情况下,测量模型也可以根据试验方法确定,或仅以数值方程给出,在可能的情况下,尽可能采用按长期积累的数据建立的经验模型。

测量模型中输入量可以是:①由当前直接测得的量。这些量值及其不确定度可以有单次观测、重复观测或根据经验估计得到,并可包含对测量仪器读数的修正值和对诸如环境温度、大气压力、湿度影响量的修正值。②由外部来源引入的量。如已校准的计量标准或有证标准物质的量,以及由手册查得的参考数据等。

(三)标准不确定度的 A 类评定

1. A 类评定的流程

对被测量进行独立重复观测,通过所得到的一系列测得值,用统计分析方法获得试验标准偏差 $s(x)$,当用算术平均值 $\bar{x}$ 作为被测量估计值时,被测量估计值的 A 类标准不确定度按式(2-17)计算。标准不确定度的 A 类评定的一般流程见图 2-3。

$$u_A = u(\bar{x}) = s(\bar{x}) = \frac{s(x)}{\sqrt{n}} \tag{2-17}$$

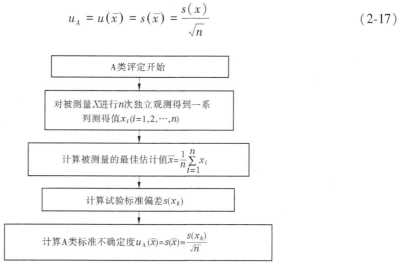

图 2-3 标准不确定度的 A 类评定一般流程

2. 贝塞尔公式法

在重复性条件或复现性条件下对同一被测量独立重复观测 n 次,得到 n 个测得值 x_i $(i = 1, 2, \cdots, n)$,被测量 X 的最佳估计值是 n 个独立测得值的算术平均值 $\bar{x}$,计算式如下:

$$\bar{x} = \frac{1}{n} \sum_{i=1}^{n} x_i$$

单个测得值 x_k 的试验方差 $s^2(x_k)$ 计算式如下:

$$s^2(x_k) = \frac{1}{n-1} \sum_{i=1}^{n} (x_i - \bar{x})^2$$

单个测得值 x_k 的试验标准偏差 $s(x_k)$，计算式如下：

$$s(x_k) = \sqrt{\frac{1}{n-1} \sum_{i=1}^{n} (x_i - \bar{x})^2} \tag{2-18}$$

式（2-18）就是贝塞尔公式，自由度 ν 为 $n-1$。试验标准偏差 $s(x_k)$ 表征了测得值 x 的分散性，测量重复性用 $s(x_k)$ 表征。

被测量估计值 $\bar{x}$ 的 A 类标准不确定度 $u_A(\bar{x})$ 计算式如下：

$$u_A(\bar{x}) = s(\bar{x}) = \frac{s(x_k)}{\sqrt{n}} \tag{2-19}$$

A 类标准不确定度 $u_A(\bar{x})$ 的自由度为试验标准偏差 $s(x_k)$ 的自由度，即 $\nu = n-1$。试验标准偏差 $s(\bar{x})$ 表征了被测量估计值 $\bar{x}$ 的分散性。

3. 极差法

一般在测量次数较少时，可采用极差法评定获得 $s(x_k)$。在重复性条件或复现性条件下，对 X_i 进行 n 次独立重复观测，测得值中的最大值与最小值之差称为极差，用符号 R 表示。在 X_i 可以估计接近正态分布的前提下，单个测得值 x_k 的试验标准差 $s(x_k)$ 可按式（2-20）近似地评定：

$$s(x_k) = \frac{R}{C} \tag{2-20}$$

式中，R 为极差；C 为极差系数。

极差系数 C 及自由度 ν 可查表 2-2 得到。

表 2-2 极差系数 C 及自由度 ν

n	2	3	4	5	6	7	8	9
C	1.13	1.69	2.06	2.33	2.53	2.70	2.85	2.97
ν	0.9	1.8	2.7	3.6	4.5	5.3	6.0	6.8

被测量估计值的标准不确定度按式（2-21）计算：

$$u_A(\bar{x}) = s(\bar{x}) = \frac{s(x_k)}{\sqrt{n}} = \frac{R}{C\sqrt{n}} \tag{2-21}$$

【例 2-21】 对某被测件的长度进行 4 次测量的最大值与最小值之差为 3 cm，查表 2-2 得到极差系数 C 为 2.06，则长度测量的 A 类标准不确定度为

$$u_A(\bar{x}) = \frac{R}{C\sqrt{n}} = \frac{3}{2.06 \times \sqrt{4}} = 0.73 (\text{cm})$$

自由度 $\nu = 2.7$。

A 类评定方法通常比用其他评定方法所得到的不确定度更为客观，并具有统计学的严格性，但要求有充分的重复次数。此外，这一测量程序中的重复测量所得的测得值，应相互独立。

A 类评定时应尽可能考虑随机效应的来源,使其反映到测得值中去。例如:若被测量是一批材料的某一特性,A 类评定时应该在这批材料中抽取足够多的样品进行测量,以便把不同的样品间可能存在的随机差异导致的不确定度分量反映出来;若通过测量直径计算圆的面积,在直径的重复测量中,应随机选取不同的方向测量;若在一个气压表上重复多次读取示值,每次把气压表扰动一下,然后让它恢复到平衡状态后再进行读数。

(四)标准不确定度的 B 类评定

1. B 类评定的方法

B 类评定的方法是根据有关的信息或经验,判断被测量的可能值区间 $[\bar{x} - a, \bar{x} + a]$,假设被测量值的概率分布,根据概率分布和要求的概率 p 确定 k,则 B 类标准不确定度 u_B 可由式(2-22)得到:

$$u_B = \frac{a}{k} \tag{2-22}$$

式中, a 为被测量可能值区间的半宽度。

注意:根据概率论获得的 k 称置信因子,当 k 为扩展不确定度的倍乘因子时称包含因子。

标准不确定度的 B 类评定的一般流程见图 2-4。

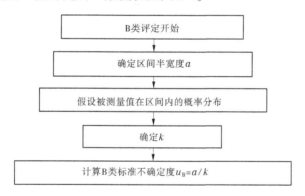

图 2-4 标准不确定度的 B 类评定流程图

2. 区间半宽度 a 的确定

区间半宽度 a 一般根据以下信息确定:

(1)以前测量的数据。

(2)对有关技术资料和测量仪器特性的了解和经验。

(3)生产厂提供的技术说明书。

(4)校准证书、检定证书或其他文件提供的数据。

(5)手册或某些资料给出的参考数据及其不确定度。

(6)检定规程、校准规范或测试标准中给出的数据。

(7)其他有用的信息。

半宽度的应用举例:

(1)生产厂提供的测量仪器的最大允许误差为±Δ,并经计量部门检定合格,则评定仪器的不确定度时,可能值区间的半宽度为:$a = \Delta$。

（2）校准证书提供的校准值,给出了其扩展不确定度为 U,则区间的半宽度为:$a=U$。

（3）由手册查出所用的参考数据,其误差限为 $\pm\Delta$,则区间的半宽度为: $a=\Delta$。

（4）由有关资料查得某参数的最小可能值为 a_- 和最大值为 a_+,最佳估计值为该区间的中点,则区间半宽度可以用下式估计:

$$a=(a_+ - a_-)/2$$

（5）当测量仪器或实物量具给出准确度等级时,可以按检定规程规定的该等级的最大允许误差得到对应区间的半宽度。

（6）必要时,可根据经验推断某量值不会超出的范围,或用试验方法来估计可能的区间。

3. k 的确定方法

（1）已知扩展不确定度是合成标准不确定度的若干倍时,则该倍数就是包含因子 k。

（2）假设为正态分布时,根据要求的概率查表 2-3 得到 k。

表 2-3　正态分布情况下概率 p 与置信因子 k 间的关系

p	0.50	0.68	0.90	0.95	0.954 5	0.99	0.997 3
k	0.675	1	1.645	1.960	2	2.576	3

（3）假设为非正态分布时,根据概率分布查表 2-4 得到 k。

表 2-4　常用非正态分布的置信因子 k 及 B 类标准不确定度 $u_B(x)$

分布类别	p	k	$u_B(x)$
三角	100	$\sqrt{6}$	$a/\sqrt{6}$
梯形($\beta = 0.71$)	100	2	$a/2$
矩形(均匀)	100	$\sqrt{3}$	$a/\sqrt{3}$
反正弦	100	$\sqrt{2}$	$a/\sqrt{2}$
两点	100	1	a

注:表 2-4 中 β 为梯形的上底与下底之比,对于梯形分布来说, $k=\sqrt{6/(1+\beta^2)}$。当 β 等于 1 时,梯形分布变为矩形分布;当 β 等于 0 时,变为三角形分布。

4. 常用的几种 B 类评定

为评定时应用方便,特给出下列常用的几种 B 类评定不确定度:

（1）数字显示式测量仪器,若分辨力为 δ_x,则:

$$u(x)=0.29\delta_x$$

（2）量值数字修约时,如修约间隔为 δ_x,则:

$$u(x)=0.29\delta_x$$

常用量值修约间隔导致的测量不确定度数值见表 2-5。

表 2-5　常用量值修约间隔导致的测量不确定度数值

δ_x	$u_{rou}(x)$	说明	δ_x	$u_{rou}(x)$	说明
0.000 001	2.9×10^{-7}		0.1	2.9×10^{-2}	在化学分
0.000 01	2.9×10^{-6}	常在精密测	0.5	1.4×10^{-1}	析、力学性
0.000 1	2.9×10^{-5}	量、微量分析、	1	2.9×10^{-1}	能、物理性
0.001	2.9×10^{-4}	化学分析中	5	1.4	能等量值测
0.01	2.9×10^{-3}	应用	10	2.9	量等工作中 应用多

（3）在规定的相同测量条件下，两次测量结果之差的重复性限为 r 时：

$$u(x_i) = \frac{r}{2.83}$$

（4）在规定的不同测量条件下，两次测量结果之差的复现性限为 R 时：

$$u(x_i) = \frac{R}{2.83}$$

（5）以"等"使用的仪器，由校准证书或其他资料知 $U(x_i)$、k 或 $U_p(x_i)$、p、ν_{eff}，则正态分布时：

$$u(x_i) = \frac{U(x_i)}{k}$$

正态分布时（由表 2-3 查得 k_p）：

$$u(x_i) = \frac{U_p(x_i)}{k_p}$$

t 分布时由相关表查得 t_p 值，有：

$$u(x_i) = \frac{U_p(x_i)}{t_p(\nu_{eff})}$$

（6）以"级"使用的仪器，由检定证书给出的"级别"（0.5、1、2、3 等级别）知该级别的最大允许误差为 $\pm A$（$\pm 0.5\%$、$\pm 1\%$等），则：

$$u(x) = \frac{A}{\sqrt{3}}$$

B 类评定不确定度的自由度计算式如下：

$$\nu = \frac{1}{2}\left[\frac{\Delta u(x)}{u(x)}\right]^{-2} \tag{2-23}$$

式中，$\Delta u(x)$ 是 $u(x)$ 的标准差，即标准差的标准差，不确定度的不确定度，其比值为相对标准不确定度，它由信息来源的可信程度进行估计。对于来自国家法定计量部门出具的检定或校准证书给出的信息（允许误差或不确定度），一般认为

$$\frac{\Delta u(x)}{u(x)} = 0.10$$

此时，自由度为

$$\nu = \frac{1}{2}\left[\frac{\Delta u(x)}{u(x)}\right]^{-2} = \frac{1}{2}[0.10]^{-2} = 50$$

二者的关系如表 2-6 所示。

表 2-6　$\dfrac{\Delta u(x)}{u(x)}$ 与自由度 ν 的关系

$\dfrac{\Delta u(x)}{u(x)}$	0	0.10	0.20	0.25	0.30	0.40	0.50
ν	∞	50	12	8	6	3	2

应当指出,无论是 A 类评定还是 B 类评定,自由度越大,不确定度的可靠程度越高,不确定度是用来衡量测试结果的可靠程度,而自由度是用来衡量不确定度的可靠程度的。

5. B 类不确定度的评定示例

【例 2-22】　校准证书上给出标称值为 1 000 g 的不锈钢标准砝码质量 m_s 的校准值为 1 000.000 325 g,且校准不确定度为 24 μg(按 3 倍标准偏差计),求砝码的标准不确定度。

解:$a = U = 24$ μg,$k = 3$,则砝码的标准不确定度为

$$u(m_s) = 24/3 = 8(\text{μg})$$

【例 2-23】　校准证书上说明标称值为 10 Ω 的标准电阻,在 23 ℃ 时的校准值为 10.000 074 Ω,扩展不确定度为 90 μΩ,包含概率为 0.99,求电阻校准值的相对标准不确定度。

解:由校准证书的信息知道:

$$A = U_{99} = 90 \text{ μΩ}, p = 0.99$$

设为正态分布,查表得到 $k = 2.58$,则电阻的标准不确定度为

$$u(R_s) = 90/2.58 = 35(\text{μΩ})$$

相对标准不确定度为

$$u(R_s)/R_s = 35 \times 10^{-6}/10.000\ 074 = 3.5 \times 10^{-6}$$

【例 2-24】　手册给出了纯铜在 20 ℃ 时线热膨胀系数 $a_{20}(\text{Cu})$ 为 16.52×10⁻⁶/℃,并说明此值的误差不超过 ±0.40×10⁻⁶/℃,求 $a_{20}(\text{Cu})$ 的标准不确定度。

解:根据手册提供的信息,$a = \pm 0.40 \times 10^{-6}$/℃,依据经验假设为等概率落在区间内,即均匀分布,查表得 $k = \sqrt{3}$。

铜的线热膨胀系数 $a_{20}(\text{Cu})$ 的标准不确定度为

$$u(a_{20}) = 0.40 \times 10^{-6}/\sqrt{3} = 0.23 \times 10^{-6}/℃$$

【例 2-25】　在手册中给出黄铜在 20 ℃ 时线热膨胀系数 $a_{20} = 16.66 \times 10^{-6}$/℃,并说明最小可能值是 16.40×10⁻⁶/℃,最大可能值是 16.92×10⁻⁶/℃。求线热膨胀系数的标准不确定度。

解:由手册给出的信息知道:

$$a_- = 16.40 \times 10^{-6}/℃, \alpha_+ = 16.92 \times 10^{-6}/℃$$

则区间半宽度为

$$a = \frac{1}{2}(a_+ - a_-) = \frac{1}{2}(16.92 - 16.40) \times 10^{-6} = 0.26 \times 10^{-6}/\text{℃}$$

假设在区间内为均匀分布,取 $k = \sqrt{3}$,则黄铜的线热膨胀系数的标准不确定度为:

$$u(a_{20}) = 0.26 \times 10^{-6}/\sqrt{3} = 0.15 \times 10^{-6}/\text{℃}$$

【例 2-26】　由数字电压表的仪器说明书得知,该电压表的最大允许误差为 $\pm(14 \times 10^{-6} \times 读数 + 2 \times 10^{-6} \times 量程)$,在 10 V 量程上测 1 V 电压,测量 10 次,取其平均值作为测量结果,$\overline{U} = 0.928\,571$ V,平均值的试验标准偏差为 $s(\overline{X}) = 12\ \mu$V。求电压表仪器的标准不确定度。

解:电压表最大允许误差的模为区间的半宽度:

$$a = 14 \times 10^{-6} \times 0.928\,571 + 2 \times 10^{-6} \times 10 = 33 \times 10^{-6}(\text{V}) = 33\ \mu\text{V}$$

设在区间内为均匀分布,查表得到 $k = \sqrt{3}$,则电压表仪器的标准不确定度为

$$u(U) = 33/\sqrt{3} = 19(\mu\text{V})$$

(五)合成标准不确定度的计算

1. 合成标准不确定度的计算方法

当被测量 Y 由 N 个其他量 $x_1, x_2, \cdots, x_N$ 通过线性测量函数确定时,被测量的估计值 y 为

$$y = f(x_1, x_2, \cdots, x_N)$$

被测量的估计值 y 的合成标准不确定度 $u_c(y)$ 按式(2-24)计算:

$$u_c(y) = \sqrt{\sum_{i=1}^{N}\left(\frac{\partial f}{\partial x_i}\right)^2 u^2(x_i) + 2\sum_{i=1}^{N-1}\sum_{j=i+1}^{N}\frac{\partial f}{\partial x_i}\frac{\partial f}{\partial x_j}r(x_i, x_j)u(x_i)u(x_j)} \qquad (2\text{-}24)$$

式中,y 为被测量 Y 的估计值,又称输出量的估计值;x_i 为输入量 X_i 的估计值,又称第 i 个输入量的估计值;$\partial f/\partial x_i$ 为被测量 Y 与有关的输入量 X_i 之间的函数对于输入量 x_i 的偏导数,称灵敏系数;$u(x_i)$ 为输入量 x_i 的标准不确定度;$r(x_i, x_j)$ 为输入量 x_i 与 x_j 的相关系数,$r(x_i, x_j)u(x_i)u(x_j) = u(x_i, x_j)$;$u(x_i, x_j)$ 为输入量 x_i 与 x_j 的协方差。

式(2-24)称为不确定度传播律。

式(2-24)是计算合成标准不确定度的通用公式,当输入量间相关时,需要考虑它们的协方差。

当各输入量间均不相关时,相关系数为零。被测量的估计值 y 的合成标准不确定度 $u_c(y)$ 按式(2-25)计算:

$$u_c(y) = \sqrt{\sum_{i=1}^{N}\left(\frac{\partial f}{\partial x_i}\right)^2 u^2(x_i)} \qquad (2\text{-}25)$$

当测量函数为非线性,由泰勒级数展开成为近似线性的测量模型。若各输入量间均不相关,必要时,被测量的估计值 y 的合成标准不确定度 $u_c(y)$ 的表达式中应包括泰勒级数展开式中的高阶项。当每个输入量 X_i 都是正态分布时,考虑高阶项后的 $u_c(y)$ 可按式(2-26)计算:

$$u_c(y) = \sqrt{\sum_{i=1}^{N}\left(\frac{\partial f}{\partial x_i}\right)^2 u^2(x_i) + \sum_{i=1}^{N}\sum_{j=1}^{N}\left[\frac{1}{2}\left(\frac{\partial^2 f}{\partial x_i \partial x_j}\right)^2 + \frac{\partial f}{\partial x_i}\frac{\partial^3 f}{\partial x_i \partial x_j^2}\right]u^2(x_i)u^2(x_j)}$$

$$(2\text{-}26)$$

常用的合成标准不确定度计算流程见图2-5。

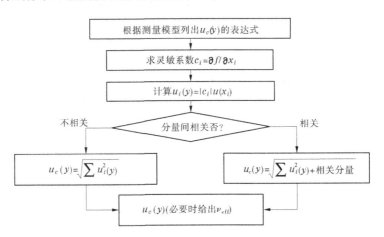

图 2-5　合成标准不确定度计算流程

2. 合成标准不确定度的评定方法示例

【例 2-27】　一台数字电压表的技术说明书中说明："在仪器校准后的两年内,示值的最大允许误差为 $\pm(14\times10^{-6}\times$读数$+2\times10^{-6}\times$量程)。"在校准后的 20 个月时,在 1 V 量程上测量电压 U,一组独立重复观测值的算数平均值为 $\overline{U}=0.928\,571$ V,其重复性导致的标准不确定度为 A 类评定得到：$u_A(\overline{U})=12\ \mu$V,附加修正值 $\Delta\overline{V}=0$,修正值的不确定度 $u(\Delta\overline{U})=2.0\ \mu$V。求该电压测量结果的合成标准不确定度。

解:测量模型：
$$y=\overline{U}+\Delta\overline{U}$$

(1)A 类标准不确定度：$\quad u_A(\overline{U})=12\ \mu$V

(2)B 类标准不确定度：

读数：$\overline{U}=0.928\,571$ V,量程：1 V

区间半宽度：$\quad a=14\times10^{-6}\times0.928\,571+2\times10^{-6}\times1=15(\mu$V$)$

假设可能值在区间内为均匀分布, $k=\sqrt{3}$,则：

$$u_B(\overline{U})=\frac{\alpha}{k}=\frac{15}{\sqrt{3}}=8.7(\mu\text{V})$$

(3)修正值的不确定度：$\quad u(\Delta\overline{U})=2.0\ \mu$V

可以判断三个不确定度分量不相关,则合成标准不确定度

$$u_c(\overline{U})=\sqrt{u_A^2(\overline{U})+u_B^2(\overline{U})+u^2(\overline{U})}=\sqrt{12^2+8.7^2+2.0^2}=15(\mu\text{V})$$

所以,电压测量结果最佳估计值为 0.928 571 V,其合成标准不确定度为 15 μV。

(六)扩展不确定度的确定

扩展不确定度是被测量可能值包含区间的半宽度。扩展不确定度分为 U 和 U_p 两种。在给出测量结果时,一般情况下报告扩展不确定度 U。

1. 扩展不确定度 U

扩展不确定度 U 由合成标准不确定度 u_c 乘包含因子 k 得到,按式(2-27)计算:

$$U = ku_c \tag{2-27}$$

测量结果可用式(2-28)表示:

$$Y = y \pm U \tag{2-28}$$

y 是被测量 Y 的估计值,被测量 Y 的可能值以较高的包含概率落在 $[\, y - U, y + U\,]$ 区间内,即 $y - U \leqslant Y \leqslant y + U$。被测量的值落在包含区间内的包含概率取决于所取的包含因子 k 的值,一般取 2 或 3。

当 y 和 $u_c(y)$ 所表征的概率分布近似为正态分布时,且 $u_c(y)$ 的有效自由度较大情况下,若 $k = 2$,则由 $U = 2u_c$ 所确定的区间具有的包含概率约为 95%;若 $k = 3$,则由 $U = 3u_c$ 所确定的区间具有的包含概率约为 99%。

在通常的测量中,一般取 $k = 2$。当取其他值时,应说明其来源。当给出扩展不确定度 U 时,一般应注明所取的 k 值;若未注明 k 值,则指 $k = 2$。

2. 扩展不确定度 U_p

当要求扩展不确定度所确定的区间具有接近于规定的包含概率 p 时,扩展不确定度用符号 U_p 表示,当 p 为 0.95 或 0.99 时,分别表示为 U_{95} 和 U_{99}。

U_p 由式(2-29)获得:

$$U_p = k_p u_c \tag{2-29}$$

k_p 是包含概率为 p 时的包含因子,由式(2-28)获得:

$$k_p = t_p(\nu_{\text{eff}}) \tag{2-30}$$

根据合成标准不确定度 $u_c(y)$ 的有效自由度 ν_{eff} 和需要的包含概率,查《分布在不同概率 p 与自由度 ν 时的 $t_p(\nu)$ 值表》得到 $t_p(\nu_{\text{eff}})$ 值,该值即包含概率为 p 时的包含因子 k_p 值。

扩展不确定度 $U_p = k_p u_c(y)$ 提供了一个具有包含概率为 P 的区间 $y \pm U_p$。

在给出 U_p 时,应同时给出有效自由度 ν_{eff}。

如果可以确定 Y 可能值的分布不是正态分布,而是接近于其他某种分布,则不应按 $k_p = t_p(\nu_{\text{eff}})$ 计算 U_p。

三、测量不确定度评定示例

(一)热轧带肋钢筋拉伸性能检测结果测量不确定度的评定

钢筋混凝土用热轧带肋钢筋用途广泛,其拉伸性能是非常重要和必须的考核指标。根据《测量不确定度评定与表示》(JJF 1059.1—2012)和《材料理化检验测量不确定度评估指南》(CNAS-GL10:2006),对测量过程中的不确定度来源进行了分析,采用直接评定法对各种因素引起的不确定度分量、合成标准不确定度、扩展不确定度进行了详细的评定,最后给出了评定结果。

1. 概述

(1)测量方法:依据《金属材料拉伸试验　第 1 部分:室温试验方法》(GB/T 228.1—2021)。

（2）评定依据：《测量不确定度评定与表示》（JJF 1059.1—2012）。

（3）环境条件：本试验温度为（20±2）℃，相对湿度<80%。

（4）测量标准：WE600 型万能材料试验机，检定证书给出为一级试验机（载荷示值相对最大允许误差为±1%）。

（5）被测对象：HRB335 热轧带肋钢筋，公称直径 ϕ 20 mm，检测下屈服强度 R_{eL}，抗拉强度 R_m 和断后伸长率 A。

（6）测量过程：根据 GB/T 228.1—2021，在规定环境条件下（包括万能材料试验机处于受控状态），选用试验机的 300 kN 量程，在标准规定的加载速率下，对试样施加轴向拉力，测试其试样的下屈服力和最大力，用计量合格的划线机和游标卡尺分别给出原始标距并测量出断后标距，最后通过计算得到下屈服强度 R_{eL}、抗拉强度 R_m 和断后伸长率 A。

2. 建立数学模型

下屈服强度：
$$R_{eL} = \frac{F_{eL}}{S_0} = \frac{F_{eL}}{\pi d^2}$$

抗拉强度：
$$R_m = \frac{F_m}{S_0} = \frac{F_m}{\pi d^2}$$

断后伸长率：
$$A = \frac{\bar{L}_u - L_0}{L_0} \times 100\%$$

式中，F_{eL} 和 F_m 分别为下屈服力和最大力，N；S_0 为试样平行长度的原始横截面面积，mm^2；d 为试样平行长度的直径，mm；L_0 为试样原始标距（本例 $L_0 = 5.65\sqrt{s_0} = 100$ mm 为短比例试样），mm；$\bar{L}_u$ 为试样拉断后的标距平均值，mm；A 为断后伸长率（%）。

3. 测量不确定度来源的分析

对于钢筋的拉伸试验，根据其特点分析，测量结果不确定度的主要来源是：钢筋直径允许偏差所引起的不确定度分量 $u(d)$；试验力值测量所引起的不确定度分量 $u(F_{eL})$ 和 $u(F_m)$；试样原始标距和断后标距长度测量所引起的不确定度分量 $u(L_0)$ 和 $u(L_u)$。分量中包括了检测人员测量重复性所带来的不确定度和测量设备或量具误差带来的不确定度。有的分量中还包括了钢筋材质不均匀性所带来的不确定度，这在后文中加以分析。另外，试验方法标准 GB/T 228.1—2010 规定，不管是强度指标，还是塑性指标，其结果都必须按标准的规定进行数值修约，所以还有数值修约所带来的不确定度分量 $u(R_{eL,rou})$、$u(R_{m,rou})$ 和 $u(A_{rou})$。

4. 标准不确定度分量的评定

1）钢筋直径允许偏差所引起的不确定度分量 $u(d)$

在钢筋的拉伸试验中，钢筋的直径是采用公称直径 d，对于满足《钢筋混凝土用钢 第 2 部分：热轧带肋钢筋》（GB/T 1499.2—2018）的钢筋混凝土用热轧带肋钢筋，不同的公称直径允许有不同的偏差，对于本书研究的直径 20 mm 的钢筋，标准规定这个允许偏差为±0.5 mm，即误差范围为[−0.5 mm，+0.5 mm]，其出现在此区间的概率是均匀的，所以服从均匀分布，它所引起的标准不确定度可用 B 类评定方法评定，即

$$u(d) = \frac{a}{k} = \frac{0.5}{\sqrt{3}} = 0.289(\text{mm})$$

钢筋产品在满足 GB/T 1499.2—2018 的前提下，其直径允许偏差就是±0.5 mm，所以由此决定的标准不确定度分量 $u(d)$ 十分可靠，一般认为其自由度 ν 为无穷大。

2）试验力值测量所引起的不确定度分量 $u(F_{eL})$ 和 $u(F_m)$

（1）检测人员重复性及钢筋材质不均匀性所带来的不确定度 $u(F_{eL,1})$ 和 $u(F_{m,1})$。

这可由不同人员对多根试样的试验力值多次重复读数的结果，用统计方法进行 A 类标准不确定度的评定。在同一根钢筋上均匀地截取 10 根钢筋试样，进行拉伸试验，得到如表 2-7 和表 2-8 所示的试验力值数据。

表 2-7　下屈服力读数数据及计算　　　　单位：kN

组数 j		1	2	3	4	5	6	7	8	9	10
检测人员 i	第一人	130	131	131	131	132	134	131	129	130	129
	第二人	131	131	131	130	133	133	132	130	131	130
	第三人	130	130	131	129	132	134	131	130	129	130
标准差 s_j		0.577	0.577	0.000	1.000	0.577	0.577	0.577	0.577	1.000	0.577
$F_{eL,c}$ 总平均值		130.87									

注：在试验过程中，对于每根钢筋的拉伸试验，由身高有差别的 3 位检测人员同时对下屈服力进行观测，这样 10 根试样就获得了如本表所示的 30 个数据。

表 2-8　最大力示值读数数据　　　　单位：kN

组数 j		1	2	3	4	5	6	7	8	9	10
检测人员 i	第一人第一次	187	189	186	187	185	188	186	185	189	190
	第一人第二次	188	189	185	188	185	187	185	185	189	190
	第二人第一次	188	189	186	187	186	188	186	186	190	191
	第二人第二次	187	189	185	187	186	188	185	185	190	190
	第三人第一次	187	190	185	188	186	188	185	186	189	191
	第三人第二次	188	190	185	188	186	188	186	185	190	190
标准差 s_j		0.548	0.516	0.516	0.548	0.516	0.408	0.548	0.516	0.548	0.516
$F_{m,c}$ 总平均值		187.38									

注：对于每根试样，由 3 个检测人员分别从停留在最大力处的被动指针位置重复两次读取 F_m 值，共得 6 个 F_m 值（$n = 6$）。

表 2-7 和表 2-8 中的标准差 s_j，是应用贝塞尔公式求得的，再求得高可靠度的合并样本标准差。

对于下屈服力 F_{eL}，有：

$$s_{p,F_{eL}} = \sqrt{\frac{1}{m}\sum_{j=1}^{m}s_j^2} = \sqrt{\frac{1}{10} \times 4.333\,333} = 0.658(kN)$$

合并样本标准差 s_p 是否可以应用，必须经过判定。为此，首先求出标准差数列 s_j 的标准差 $\hat{\sigma}$。

对于 F_{eL}，有：$\hat{\sigma}_{F_{eL}}(s) = \sqrt{\frac{1}{m-1}\sum_{j=1}^{m}(s_j - \bar{s})^2} = 0.276(kN)$。

而根据公式可得：

$$\hat{\sigma}_{估,F_{eL}}(s) = \frac{s_{p,F_{eL}}}{\sqrt{2(n-1)}} = \frac{0.658}{\sqrt{2 \times (3-1)}} = 0.329(kN)$$

所以 $\hat{\sigma}_{F_{eL}}(s) < \hat{\sigma}_{估,F_{eL}}(s)$

这表明测量状态稳定，包括被测量也较稳定，即 m 组测量列的各个标准差相差不大，高可靠度的合并样本标准差 $s_{p,F_{eL}}$ 可以应用（否则只能采用 s_j 中的 s_{max}）。在实际测定中，是以单次测量值（$k=1$）作为测量结果的，所以欲求的标准不确定度分量是：

$$u(F_{eL,1}) = \frac{s_{p,F_{eL}}}{\sqrt{k}} = \frac{0.658}{\sqrt{1}} = 0.658(kN) = 658\,N$$

自由度：$\nu = m(n-1) = 10 \times (3-1) = 20$。

对于最大试验力 F_m 有：

$$s_{p,F_m} = \sqrt{\frac{1}{m}\sum_{j=1}^{m}s_j^2} = \sqrt{\frac{1}{10} \times 2.700\,00} = 0.520(kN)$$

标准差数列 s_j 的标准差为：$\hat{\sigma}_{F_m}(s) = \sqrt{\frac{1}{m-1}\sum_{j=1}^{m}(s_j - \bar{s})^2} = 0.041\,6(kN)$，而

$$\hat{\sigma}_{估,F_m}(s) = \frac{s_{p,F_m}}{\sqrt{2(n-1)}} = \frac{0.520}{\sqrt{2 \times (6-1)}} = 0.164(kN)$$

所以 $\hat{\sigma}_{F_m}(s) < \hat{\sigma}_{估,F_m}(s)$。

测量状态稳定，包括被测量也较稳定，高可靠度的合并样本标准差 s_{p,F_m} 可以应用。在实际测量中是以单次测量值（$k=1$）作为不确定度分量为

$$u(F_{m,1}) = \frac{s_{p,F_m}}{\sqrt{k}} = \frac{0.520}{\sqrt{1}} = 0.520(kN) = 520\,N$$

（2）试验机示值误差所引起的标准不确定度分量 $u(F_{eL,2})$ 和 $u(F_{m,2})$。

所使用的 600 kN 液压万能试验机，经检定为 1 级，其示值误差为 $\pm 1.0\%$，示值误差出现在区间 $[-1.0\% \sim +1.0\%]$ 的概率是均匀的，可用 B 类评定，即

$$u_{rel}(F_{eL,2}) = u_{rel}(F_{m,2}) = \frac{a}{k} = \frac{1\%}{\sqrt{3}} = 0.577\%$$

由表 2-7 得 F_{eL} 总平均值 $\bar{F}_{eL} = 130.87$ kN，由表 2-8 得 $\bar{F}_m = 187.38$ kN。所以，此因素

引入的绝对不确定度是:

$$u(F_{eL,2}) = \overline{F}_{eL} \times u_{rel}(F_{eL,2}) = 130.87 \times 0.577\% = 0.755\,1(kN) = 755.1\,N$$

$$u(F_{m,2}) = \overline{F}_m \times u_{rel}(F_{m,2}) = 187.38 \times 0.577\% = 1.081\,1(kN) = 1\,081.1\,N$$

（3）标准测力仪所引入的标准不确定度 $u(F_{eL,3})$ 和 $u(F_{m,3})$。

试验机是借助于 0.3 级标准测力仪进行校准的,该校准源的不确定度为 0.3%,包含因子为 2,故由此引入的 B 类评定相对标准不确定度为

$$u_{rel}(F_{eL,3}) = u_{rel}(F_{m,3}) = \frac{0.3\%}{2} = 0.15\%$$

所以,此因素所引入的绝对不确定度是:

$$u(F_{eL,3}) = 130.87 \times 0.15\% = 0.196\,305(kN) = 196.305\,N$$

$$u(F_{m,3}) = 187.38 \times 0.15\% = 0.281\,07(kN) = 281.07\,N$$

（4）读数分辨力引入的标准不确定度分量 $u(F_{eL,4})$ 和 $u(F_{m,4})$。

本试验选用的度盘量程为 300 kN,最小读数即分辨力 $\delta_x = 1$ kN,所以引入的标准不确定度分量为:

$$u(F_{eL,4}) = u(F_{m,4}) = 0.29\delta_x = 0.29 \times 1 = 0.29(kN) = 290\,N$$

由于检测人员重复性、钢筋材质不均匀、试验机示值误差、标准测力仪校准源、读数分辨力所引起的不确定度分量间独立不相关,所以可按照下式合成得到试验力值测量所引起的绝对标准不确定度总分量,即,对下屈服力有:

$$u(F_{eL}) = \sqrt{u^2(F_{eL,1}) + u^2(F_{eL,2}) + u^2(F_{eL,3}) + u^2(F_{eL,4})}$$
$$= \sqrt{658^2 + 755.1^2 + 196.305^2 + 290^2} = 1\,061.03(N)$$

对最大力有:

$$u(F_m) = \sqrt{u^2(F_{m,1}) + u^2(F_{m,2}) + u^2(F_{m,3}) + u^2(F_{m,4})}$$
$$= \sqrt{520^2 + 1\,081.1^2 + 281.07^2 + 290^2} = 1\,265.81(N)$$

3）试样原始标距和断后标距长度测量所引起的标准不确定度分量 $u(L_0)$、$u(L_u)$

（1）试样原始标距测量所引起的标准不确定度分量 $u(L_0)$。

试样原始标距 $L_0 = 100$ mm,是用 10~250 mm 的打点机一次性做出标记的。打点机经政府计量部门检定合格,极限误差为 ±0.5%,且服从均匀分布,因此所给出的相对不确定度是: $u_{rel}(L_0) = \dfrac{0.5\%}{\sqrt{3}} = 0.289\%$。

则有: $u(L_0) = |L_0| u_{rel}(L_0) = 100 \times \dfrac{0.289}{100} = 0.289(mm)$。

（2）断后标距长度测量所引起的标准不确定度分量 $u(L_{u,1})$。

断后标距 L_u 的测量数据见表 2-9。

表 2-9　　断后标距的测量数据　　　　　　　单位：mm

组数 j		1	2	3	4	5	6	7	8	9	10
检测人员 i	第一人第一次	120.32	122.62	121.38	122.16	121.86	121.36	123.08	121.12	122.56	121.66
	第一人第二次	120.12	122.58	121.42	122.18	121.80	121.32	123.10	121.20	122.50	121.60
	第一人第三次	120.22	122.56	121.38	122.20	121.88	121.38	123.16	121.16	122.52	121.56
	第二人第一次	120.12	122.68	121.40	122.22	121.80	121.40	123.12	121.20	122.54	121.44
	第二人第二次	120.08	122.70	121.44	122.26	121.82	121.42	123.16	121.24	122.50	121.52
	第二人第三次	120.10	122.70	121.42	122.24	121.86	121.38	123.13	121.18	122.52	121.54
	平均值	120.16	122.64	121.41	122.21	121.84	121.38	123.13	121.18	122.52	121.55
标准差 s_j		0.084 1	0.056 6	0.022 1	0.034 2	0.031 5	0.031 5	0.029 4	0.037 3	0.021 4	0.068 0
L_u 的数学期望		121.80									

表中的每一个 L_u 值都是根据 GB/T 228.1—2010 中的规定使用游标卡尺对 L_u 进行测量而得到的,经统计 L_u 的数学期望 $\overline{L_u}$ = 121.80 mm。

表中每根试样的 L_u 长度分别由两位检测人员根据标准的规定测试 3 个数据,每根试样都得到了如表 2-9 所列的 6 个数据,因此就数据而言,一根试样就具有一组数据,共 10 组数据。每组数据的标准差由贝塞尔公式求出,进而求得合并样本标准差 s_p。

$$s_{p,L_u} = \sqrt{\frac{1}{m}\sum_{j=1}^{m} s_j^2} = \sqrt{\frac{1}{10} \times 0.021\ 238\ 10} = 0.046\ 1(\text{mm})$$

经统计,标准差数列的标准差为：$\hat{\sigma}_{L_u}(s) = \sqrt{\frac{1}{m-1}\sum_{j=1}^{m}(s_j - \bar{s})^2} = 0.022\ 9(\text{mm})$,而

$$\hat{\sigma}_{\text{估},L_u}(s) = \frac{s_{p,L_u}}{\sqrt{2(n-1)}} = \frac{0.046\ 1}{\sqrt{2 \times (6-1)}} = 0.014\ 6(\text{mm})$$

可见 $\hat{\sigma}_{L_u}(s) > \hat{\sigma}_{\text{估},L_u}(s)$ 经判定测量状态不稳定,不可采用同一个 s_{p,L_u} 来评定测量 L_u 的不确定度,这是因为对于它的测量,根据标准 GB/T 228.1—2010 的规定每次测量前需要重新将试样断裂处仔细配接。因为,不同的人员,甚至同一人员每次配接的紧密程度、符合程序、两段试样的同轴度等很难掌握得完全一样,所以导致了 L_u 的测试不太稳定。一般如果各组数据的标准差之间差异较小,则说明测量状态稳定,经判定,可用高可靠度的合并样本标准差来评定测量不确定度。而对于 L_u 的测试,就只能用 s_j 中的 s_{max} 来进行评定,从表 2-10 可知,第 1 组数据(第 2 根试样)的标准差为最大值 s_{max} = 0.084 1 mm,由于在实际测试中以单次测量值($k=1$)作为测量结果,所以：

$$u(L_{u,1}) = \frac{s_{max}}{\sqrt{k}} = \frac{0.084\ 1}{\sqrt{1}} = 0.084\ 1(mm)$$

（3）测量断后标距离 L_u 所用量具的误差引入的标准不确定度分量 $u(L_{u,2})$。

试样断后标距 L_u，是用 $0 \sim 150$ mm 的游标卡尺测量的，经计量合格，证书给出的极限误差为 ± 0.2 mm 也服从均匀分布，其标准不确定度分量为

$$u(L_{u,2}) = \frac{a}{\sqrt{3}} = \frac{0.02}{\sqrt{3}} = 0.011\ 55(mm)$$

由于两分量独立无关，所以断后标距测量所引入的标准不确定度分量：

$$u(L_u) = \sqrt{u^2(L_{u,1}) + u^2(L_{u,2})} = \sqrt{0.084\ 1^2 + 0.011\ 55^2} = 0.084\ 89$$

4）数值修约所引起的标准不确定度分量 $u(R_{rou})$ 和 $u(A_{rou})$ 的评定

标准 GB/T 228.1—2010 第 22 条规定：试样测定的性能结果数值应按照相关产品标准的要求进行修约。GB/T 1499.2—2018 第 8.6 条规定：检验结果的数值修约与判定应符合 YB/T 081 的规定。《冶金技术标准的数值修约与检测数值的判定》（YB/T 081—2013）中规定：R_{eH}、R_{eL} 的性能范围在 $200 \sim 1\ 000$ MPa 时，修约间隔为 5 MPa；A 的性能范围 >10% 时，修约间隔为 1%。修约必定引入了不确定度，这可用 B 类方法来评定。如修约间隔为 δ_x，则修约引起的不确定度分量为 $u(x) = 0.29 \delta_x$。

对于本例测量值，屈服强度、极限强度和断后伸长率的数学期望是：

$$\overline{R_{eL}} = \frac{\overline{F_{eL}}}{\overline{S_0}} = \frac{\overline{F_{eL}}}{\frac{\pi}{4}\overline{d}^2} = \frac{130.87}{0.25 \times \pi \times 20^2} = 0.416\ 518(kN/mm^2)$$

$$= 416.518\ N/mm^2 = 415\ N/mm^2$$

$$\overline{R_m} = \frac{\overline{F_m}}{\overline{S_0}} = \frac{\overline{F_m}}{\frac{\pi}{4}\overline{d}^2} = \frac{187.38}{0.25 \times \pi \times 20^2} = 0.596\ 449(kN/mm^2) = 596.449\ N/mm^2 = 595\ N/mm^2$$

$$\overline{A} = \frac{\overline{L_u} - L_0}{L_0} = \frac{121.80 - 100.00}{100.00} = 21.80\% = 22\%$$

所以，由数值修约而引入的标准不确定度分量分别为

$$u(R_{eL,rou}) = 5 \times 0.29 = 1.4(N/mm^2)$$
$$u(R_{m,rou}) = 5 \times 0.29 = 1.4(N/mm^2)$$
$$u(A_{rou}) = 1\% \times 0.29 = 0.29\%$$

5. 合成标准不确定度的计算

因钢筋试样直径允许偏差、试验力、原始标距和断后标距的测量量引入的不确定度以及数值修约（最终结果经数值修约而得到，所以对最终结果而言，修约也相当于输入）所引入的不确定度之间独立不相关，因此由下式计算合成不确定度：

因为

$$u_c^2(y) = \sum_{i=1}^{N} \left[\frac{\partial f}{\partial x_i}\right]^2 u^2(x_i) = \sum_{i=1}^{N} c_i^2 u^2(x_i) = \sum_{i=1}^{N} u_i^2(y)$$

所以

$$u_c^2(R_{eL}) = u_1^2(R_{eL}) + u_2^2(R_{eL}) + u_3^2(R_{eL})$$

即

$$u_c^2(R_{eL}) = c_{F_{eL}}^2 u^2(F_{eL}) + c_{d,eL}^2 u^2(d) + u^2(R_{eL,rou}) \tag{2-31}$$

$$u_c^2(R_m) = c_{F_m}^2 u^2(F_m) + c_{d,m}^2 u^2(d) + u^2(R_{m,mu}) \tag{2-32}$$

$$u_c^2(A) = c_{L_0}^2 u^2(L_u) + c_{L_0}^2 u^2(L_0) + u^2(A_{rou}) \tag{2-33}$$

由数学模型式对各输入量求偏导数,可得相应的不确定度灵敏系数:

$$\left.\begin{array}{ll}
c_{F_{eL}} = \dfrac{\partial R_{eL}}{\partial F_{eL}} = \dfrac{4}{\pi d^2} & c_{d,eL} = \dfrac{\partial R_{eL}}{\partial \bar{d}} = -\dfrac{8F_{eL}}{\pi d^3} \\[3mm]
c_{F_m} = \dfrac{\partial R_m}{\partial F_m} = \dfrac{4}{\pi d^2} & c_{d,m} = \dfrac{\partial R_m}{\partial \bar{d}} = -\dfrac{8F_m}{\pi d^3} \\[3mm]
c_{L_0} = \dfrac{\partial A}{\partial \bar{L_u}} = \dfrac{1}{L_0} & c_{L_0} = \dfrac{\partial A}{\partial L_0} = -\dfrac{\bar{L_u}}{L_0^2}
\end{array}\right\} \tag{2-34}$$

将各数据代入式(2-34)得:

$$c_{F_{eL}} = \frac{4}{\pi \times 20^2} = 0.003\ 18(\text{mm}^{-2})\ ; c_{d,eL} = -\frac{8 \times 130\ 870}{\pi \times 20^3} = -41.65(\text{N/mm}^3)$$

$$c_{F_m} = \frac{4}{\pi \times 20^2} = 0.003\ 18(\text{mm}^{-2})\ ; c_{d,m} = -\frac{8 \times 187\ 380}{\pi \times 20^3} = -59.64(\text{N/mm}^3)$$

$$c_{L_0} = \frac{1}{100} = 0.01(\text{mm}^{-1})\ ; c_{L_0} = \frac{-121.80}{100^2} = -0.012\ 18(\text{mm}^{-1})$$

计算所需的标准不确定度分量表汇总见表 2-10。

表 2-10 标准不确定度分量汇总

分量	不确定度来源	标准不确定度分量 $u(x_i)$ 值
$u(d)$	钢筋公称直径的允许偏差	$u(d) = 0.289$ mm
$u(F_{eL})$	下屈服力的测量	$u(F_{eL}) = 1\ 061.03$ N
	人员重复性及材质不均匀性	$u(F_{eL,1}) = 658$ N
	试验机示值误差	$u(F_{eL,2}) = 755.1$ N
	标准测力仪的不确定度	$u(F_{eL,3}) = 196.305$ N
	试验机的度数分辨力	$u(F_{eL,4}) = 290$ N
$u(F_m)$	最大力测量	$u(F_m) = 1\ 265.81$ N
	人员重复性及材质不均匀性	$u(F_{m,1}) = 520$ N
	试验机示值误差	$u(F_{m,2}) = 1\ 081.1$ N
	标准测力仪的不确定度	$u(F_{m,3}) = 281.07$ N
	试验机的度数分辨力	$u(F_{m,4}) = 290$ N

续表 2-10

分量	不确定度来源	标准不确定度分量 $u(x_i)$ 值
$u(L_0)$	原始标距测量	$u(L_0) = 0.289$ mm
$u(L_u)$	断后标距测量	$u(L_u) = 0.08489$ mm
	测量重复性	$u(L_{u,1}) = 0.0841$ mm
	量具误差	$u(L_{u,2}) = 0.01155$ mm
$u(R_{eL,m})$	数值修约(间隔为 5 N/mm²)	1.4 N/mm²
$u(R_{m,m})$	数值修约(间隔为 5 N/mm²)	1.4 N/mm²
$u(A_m)$	数值修约(间隔为 1%)	0.29%

将各不确定度分量和不确定度灵敏系数代入计算公式,有:

$$u_c^2(R_{eL}) = 0.00318^2 \times (1061.03)^2 + (-41.65)^2 \times (0.289)^2 + (1.4)^2$$

$$u_c^2(R_m) = 0.00318^2 \times (1265.81)^2 + (-59.64)^2 \times (0.289)^2 + (1.4)^2$$

$$u_c^2(A) = (0.01)^2 \times (0.08489)^2 + (-0.01218)^2 \times (0.289)^2 + (0.29\%)^2$$

经计算可得:

$$u_c(R_{eL}) = 12.58 \text{ N/mm}^2 ; u_c(R_m) = 17.75 \text{ N/mm}^2 ; u_c(A) = 0.4639\%$$

6. 扩展不确定度的评定

扩展不确定度采用 $U = ku_c(y)$ 的表示方法。

对于本例,包含因子 k 取 2,因此有:

$$U(R_{eL}) = 2u_c(R_{eL}) = 2 \times 12.58 = 25.16(\text{N/mm}^2) = 25 \text{ N/mm}^2$$

$$U(R_m) = 2u_c(R_m) = 2 \times 17.75 = 35.50(\text{N/mm}^2) = 36 \text{ N/mm}^2$$

$$U(A) = 2u_c(A) = 2 \times 0.4639\% = 0.9278\% = 0.93\%$$

用相对扩展不确定度来表示,则分别是:

$$U_{rel}(R_{eL}) = \frac{U(R_{eL})}{R_{eL}} = \frac{25}{415} = 6.0\%$$

$$U_{rel}(R_m) = \frac{U(R_m)}{R_m} = \frac{36}{595} = 6.1\%$$

$$U_{rel}(A) = \frac{U(A)}{A} = \frac{0.93\%}{22\%} = 4.2\%$$

7. 测量不确定度的报告

本例所评定的钢筋混凝土用热轧带肋钢筋的下屈服强度、抗拉强度、断后伸长率测量结果的不确定度报告如下:

$$R_{eL} = 415 \text{ N/mm}^2 , U = 25 \text{ N/mm}^2 ; k = 2$$

$$R_m = 595 \text{ N/mm}^2 , U = 36 \text{ N/mm}^2 ; k = 2$$

$$A = 22\% , U = 0.93\% ; k = 2$$

其意义是:可以期望在(415−25)~(415+25)N/mm² 的区间包含了下屈服强度 R_{eL} 测

量结果可能值的 95%；在 $(595-36)\sim(595+36)$ N/mm^2 的区间包含了抗拉强度 R_m 测量结果可能值的 95%；在 $(22\%-0.9\%)\sim(22\%+0.9\%)$ 的区间包含了断后伸长率 A 测量结果可能值的 95%。

如果以相对扩展不确定度的形式来报告，则可以写成：

$$R_{eL} = 415 \text{ N/mm}^2, U_{rel} = 6.0\%; k = 2$$

$$R_m = 595 \text{ N/mm}^2, U_{rel} = 6.1\%; k = 2$$

$$A = 22\%, U_{rel} = 4.2\%; k = 2$$

(二)水泥胶砂强度试验不确定度评定

1. 概述

1)试验方法和评定依据

依据《水泥胶砂强度检验方法(ISO 法)》(GB/T 17671—2021)进行试验检测，依据《测量不确定度评定与表示》(JJF 1059.1—2012)进行测量不确定度的评定。

2)试验条件

水泥成型室温度(20±2)℃，相对湿度≥50%；水泥养护箱温度(20±1)℃。相对湿度≥90%；水泥试件养护水温(20±1)℃。

3)试验所用仪器设备

W-300 型水泥恒加荷压力试验机，检定证书给出为一级试验机(荷载示值相对最大允许误差为±1%)。

4)测量对象

32.5 级普通硅酸盐水泥的 28 d 抗压强度。

2. 数学模型的建立

根据 GB/T 17671—2021，水泥胶砂抗压强度：

$$R_c = \frac{F_c}{A} = \frac{F_c}{bh} \tag{2-35}$$

式中，R_c 为水泥试件抗压强度，MPa；F_c 为试件被破坏时的最大荷载，N；A 为试件受压部分面积，mm^2；b 为抗压夹具宽度，mm；h 为水泥胶砂试件宽度，mm。

3. 不确定度来源分析

分析不确定度的来源包括(但不限于)所用的参考标准和标准物质、方法和设备、环境条件、被检测或校准物质的性能和状态以及操作人员等。根据对整个试验过程的分析，水泥胶砂抗压强度不确定度的来源有 4 个方面：

(1)试件受压面积变化引入的不确定度。

(2)压力试验机的测量误差引入的不确定度。

(3)成型、养护过程中的因素，包括水泥，标准砂的均匀性、成型设备的影响、试模尺寸及安装因素、实验室温湿度、样品的称量、操作人员、水泥胶砂试件养护等影响。

(4)数据修约引入的不确定度。

4. 标准不确定度分量的分析评定

为便于计算，本书采用相对标准不确定度进行计算。

1）试件受压面积引入的相对标准不确定度 $u_{rel}(A)$

试件受压面积计算公式为：

$$A = b \times h$$

根据《40 mm×40 mm 水泥抗压夹具》（JC/T 683—2005）的要求，夹具受压宽度的允许偏差为±0.1 mm，以均匀分布计 $k = \sqrt{3}$，由引入的标准不确定度和相对不确定度：

$$u(b) = \frac{0.1}{\sqrt{3}} = 0.057\,74 \text{ mm}, u_{rel}(b) = \frac{0.057\,74}{40} = 0.14\%$$

水泥胶砂试件的宽度在水泥胶砂试模中即相当于试模的高度，根据《水泥胶砂试模》（JC/T 726—2005）的要求，试模的高度最大允许偏差为±0.1 mm，以均匀分布计 $k = \sqrt{3}$，由引入的标准不确定度和相对不确定度：

$$u(h) = \frac{0.1}{\sqrt{3}} = 0.057\,74 \text{ mm}, u_{rel}(h) = \frac{0.057\,74}{40} = 0.14\%$$

因为水泥夹具宽度和水泥胶砂试件宽度对受压面积所引入的不确定度分量相互独立不相关，因此由于抗压夹具宽度、水泥胶砂试件宽度两个不确定度分量彼此无关，则由受压面积引入的相对标准不确定度为

$$u_{rel}(A) = \sqrt{u_{rel}^2(b) + u_{rel}^2(h)} = \sqrt{0.14^2 + 0.14^2} = 0.198\%$$

2）压力试验机的测量误差引入的相对标准不确定度 $u_{rel}(F_c)$

（1）试验机示值误差所引起的测量不确定度 $u_{rel}(F_{c,1})$。

检测使用的水泥压力试验机为 1 级，其示值误差为±1.0%，按均匀分布考虑 $k = \sqrt{3}$，则试验机测力系统示值误差引入的相对标准不确定度为

$$u_{rel}(F_{c,1}) = \frac{1.0\%}{\sqrt{3}} = 0.577\%$$

（2）标准测力仪所引入的测量不确定度 $u_{rel}(F_{c,2})$。

本水泥压力试验机使用 0.3 级的标准测力仪对试验机进行检定。标准测力仪的不确定度为 0.3%，置信因子为 2，则由此引入的相对标准不确定度为：

$$u_{rel}(R_{Fc,2}) = \frac{0.3\%}{2} = 0.15\%$$

因水泥压力试验机采用的为全自动恒加荷控制和数据采集系统，故由分辨率（读数因素）和加荷速度引入的不确定度不再另外考虑。

压力试验机的测量误差引入的相对标准不确定度为：

$$u_{rel}(F_c) = \sqrt{u_{rel}^2(F_{c,1}) + u_{rel}^2(F_{c,2})} = \sqrt{0.577\%^2 + 0.15\%^2} = 0.596\%$$

3）综合因素引入的测量不确定度 $u_{rel}(R_{oth})$

成型、养护过程中多种因素引入的相对标准不确定度在水泥成型、养护过程中，可能会影响水泥胶砂强度试验最大荷载的因素依然很多，比如试验环境的温湿度、操作人员等。而这些因素对最大荷载的影响很难用物理、化学方法进行分析，相互间的关系复杂。所以，在评定这些因素引入的不确定度时用 A 类评定，即让这些因素同时起作用，通过重复性试验来评定它们的影响。

　　具体方法为:在同一实验室,用同一样品,由同一操作人员,用相同设备,在相同的环境条件下用较短的试件间隔做重复性试验。

　　对混合均匀的 32.5 级普通硅酸盐水泥样品做 10 次重复性 28 d 胶砂强度试验,测得的结果见表 2-11。

表 2-11　水泥重复试验结果

序号	1	2	3	4	5	6	7	8	9	10
最大力 F_c/kN	63.8	62.7	65.8	66.6	62.8	63.1	64.2	59.1	61.5	60.3
抗压强度 R_c/MPa	39.9	39.2	41.1	41.6	39.3	39.4	40.1	36.9	38.4	37.7
抗压强度平均值 $\overline{R_c}$/MPa			39.4			标准偏差 $s(R_e)$/MPa				1.44

注:试验标准偏差按贝塞尔公式计算。

　　由以上试验得出的 A 类测量不确定度为

$$u(R_{oth}) = \frac{s(R_e)}{\sqrt{n}} = \frac{1.44}{\sqrt{10}} = 0.455 \text{ MPa}$$

　　相对标准不确定度为

$$u_{rel}(R_{oth}) = \frac{u(R_{oth})}{\overline{R_c}} = \frac{0.455}{39.4} = 1.155\%$$

　　4)数据修约引入的相对标准不确定度 $u_{rel}(R_{rou})$。

　　数据修约引入的不确定度,其大小与修约间隔有关。由 GB/T 17671—2021 可知,抗压强度结果精确至 0.1 MPa,其标准不确定度为水泥胶砂抗压强度修约间隔为 0.1 MPa。根据表 2-5 可知,$\delta_x = 0.1 \text{ MPa}$,$u_{rou}(x) = 0.29\delta_x = 0.029 \text{ MPa}$。

　　或者可以这样理解,修约后可能引入的最大误差为 0.1 MPa/2 = 0.05 MPa,由于误差出现在 ±0.05 MPa 范围内各处的概率相等,按均匀分布,数据修约引入的相对标准不确定度为

$$u_{rou}(x) = \frac{0.05}{\sqrt{3}} = 0.029 \text{ MPa}$$

　　因此,由数据修约引入的相对标准不确定度 $u_{rel}(R_{rou}) = \dfrac{0.029}{39.4} = 0.074\%$

　　5. 合成相对标准不确定度 $U_{c,rel}(R_c)$

　　胶砂强度的相对标准不确定度分项汇总见表 2-12。

表 2-12　各类标准不确定度来源及相对不确定度值

标准不确定度分项	不确定度来源	相对标准不确定度/%
$u_{rel}(A)$	受压面积	0.198
$u_{rel}(F_c)$	压力试验机测量误差	0.596
$u_{rel}(R_{oth})$	综合性多因素	1.154
$u_{rel}(R_{rou})$	数据修约	0.074

考虑到受压面积、试验机测量误差、综合性多因素、数据修约这几个方面引入的测量不确定度之间彼此独立不相关,因此相对合成不确定度:

$$u_{c,rel}(R_c) = \sqrt{u_{rel}^2(A) + u_{rel}^2(R_{Fc}) + u_{rel}^2(R_{oth}) + u_{rel}^2(R_{rou})}$$
$$= \sqrt{0.198\%^2 + 0.596\%^2 + 1.154\%^2 + 0.073\%^2} = 1.316\%$$

6. 标准不确定度 $u_c(R_c)$

水泥胶砂 28 d 抗压强度平均值 $\overline{R_c} = 39.4$ MPa,则标准不确定度为

$$u_c(R_c) = u_{c,rel}(R_c) \times \overline{R_c} = 1.316\% \times 39.4 = 0.52 \text{(MPa)}$$

7. 扩展不确定度 $U(R_c)$ 和相对扩展不确定度 $U_{rel}(R_c)$

选包含因子 $k = 2$,则置信水准 95% 下,该水泥胶砂抗压强度的扩展不确定度和相对扩展不确定度为

$$U(R_c) = k \times u_c(R) = 2 \times 0.52 = 1.0 \text{(MPa)}$$
$$U_{rel}(R_c) = k \times u_{c,rel}(R) = 2 \times 1.316\% = 2.6\%$$

8. 测量不确定度报告

本例所评定的 32.5 级普通硅酸盐水泥 28 d 胶砂抗压强度的测量不确定度报告如下:

$$\overline{R_c} = 39.4 \text{ MPa}, U(R_c) = 1.0 \text{ MPa}; k = 2$$

或者:

$$\overline{R_c} = 39.4 \text{ MPa}, U_{rel}(R_c) = 2.6\%; k = 2$$

其意义可以理解为:可以期望在 $(39.7 - 0.9) \sim (39.7 + 0.9)$ MPa 的区间包含了水泥胶砂 28 d 抗压强度测量结果可能值的 95%。

(三)混凝土抗压强度检测结果的不确定度

1. 概述

在建设工程检测过程中,混凝土立方体抗压强度的检测非常普遍,根据检测数据及统计分析、试件尺寸偏差及仪器设备自身等实际情况,评定出混凝土立方体抗压强度的不确定度,对混凝土立方体抗压强度的可信度具有指导意义。

1)试验方法和评定依据

混凝土 28 d 抗压强度的检验依据为《普通混凝土力学性能试验方法》(GB/T 50081—2019),评定依据为《测量不确定度评定与表示》(JJF 1059.1—2012)。

2)试验条件和试验设备

(1)检测用混凝土试块的尺寸为 150 mm × 150 mm × 150 mm,成型后标准养护 28 d 后进行抗压强度检测,经测量尺寸、不平度和垂直度均符合要求。混凝土设计强度等级为 C30。

(2)检测用压力机为微机控制电液伺服压力机,型号为 YAW4206,检定结论为符合 1.0 级精度。

(3)测量试块尺寸采用分度值为 1 mm 的 300 mm 钢直尺,检定结论为合格。

(4)混凝土抗压加荷速度为 0.5 ~ 0.8 MPa/s,试验破坏荷载大于压力机全量程的 20% 且小于 80%。

3）检测对象

C30 混凝土立方体抗压强度f_{cc}。

4）检测结果

根据《普通混凝土力学性能试验方法》（GB/T 50081—2019），一组三块混凝土试块的立方体抗压强度检验结果见表 2-13。

表 2-13　混凝土立方体抗压强度检验结果

序号	1	2	3
极限荷载 F/kN	830.3	886.6	927.1
承压面积 A/mm^2	22 500	22 500	22 500
抗压强度 f_{cc}/MPa	36.9	39.4	41.2
平均极限荷载 $\overline{F}/kN$	881.3	平均抗压强度 $\overline{f_{cc}}/MPa$	39.2

2. 混凝土抗压强度不确定度评定的数学模型

$$f_{cc} = \frac{F}{A} + \delta \tag{2-36}$$

式中，F 为试件破坏荷载，N；A 为试件承压面积，mm^2；δ 为不均匀性修正值。

3. 不确定度分量的分析与计算

对于混凝土抗压强度试验，根据其特点分析，测量结果不确定度的主要来源包括：试验机引入的不确定度的分量 $u(F)$，试件面积引起的不确定度分量 $u(A)$，样品不均匀性分量 $u(\delta)$，数值修约引起的不确定度分量 $u(f_{rou})$ 等。

由于实验室速率由仪器设置完成，混凝土成型前对每个试模进行了核查，不符合要求的试模已经剔除。因此，由加荷速率、不平度、不垂直度等引起的不确定度分量可以忽略不计。

1）试验机引入的不确定度的分量 $u(F)$ 和相对不确定度 $u_{rel}(F)$

（1）压力机示值误差引入的不确定度 $u(F_1)$ 和相对不确定度 $u_{rel}(F_1)$。

根据 YAW4206 微机控制电液伺服压力机的检定结果，符合 1.0 级精度，其示值误差为 ±1.0%，因此按均匀分布考虑 $k = \sqrt{3}$，则试验机测力系统示值误差引入的相对标准不确定度如下：

$$u_{rel}(F_1) = \frac{1.0\%}{\sqrt{3}} = 0.577\%$$

$$u(F_1) = u_{rel}(F_1) \times \overline{F} = 0.577\% \times 881\ 300 = 5\ 085.1\,(N)$$

（2）标准测力仪所引入的测量不确定度 $u(F_2)$ 和相对不确定度 $u_{rel}(F_2)$。

本水泥压力试验机使用 0.3 级的标准测力仪对试验机进行检定。标准测力仪的不确定度为 0.3%，置信因子为 2，则由此引入的相对标准不确定度为

$$u_{rel}(F_2) = \frac{0.3\%}{2} = 0.15\%$$

$$u(F_2) = u_{rel}(F_2) \times \bar{F} = 0.15\% \times 881\ 300 = 1\ 322.0(N)$$

因压力试验机采用的为全自动加荷控制和数据采集系统,故由分辨率(读数因素)和加荷速度引入的不确定度不再另外予以考虑。

压力试验机的测量误差引入的相对标准不确定度和标准不确定度为

$$u_{rel}(F) = \sqrt{u_{rel}^2(F_1) + u_{rel}^2(F_2)} = \sqrt{0.577\%^2 + 0.15\%^2} = 0.596\%$$

$$u(F) = u_{rel}(F) \times \bar{F} = 0.596\% \times 881\ 300 = 5\ 252.5(N)$$

2)试件面积引起的不确定度分量 $u(A)$ 和相对不确定度 $u_{rel}(A)$

混凝土抗压强度试件受压面积为正方形,实际测量时则是测量试块的边长,两个边长的乘积即为受压面的面积。根据《混凝土物理力学性能试验方法标准》(GB/T 50081—2019)第3.3.3条规定,试件各边长、直径和高的公差不得超过 1 mm。在实际的检测工作中,只是使用钢直尺检测试件受压面的边长符合要求,并不参与测量具体数值,因此不确定度按 B 类评定,以规范规定的 1 mm 为此测量的区间半宽度,且符合均匀分布, $k = \sqrt{3}$ 。

由于 $A = ab$, a、b 为受压面的两个边长 ,因此:

$$u(a) = u(b) = \frac{1}{\sqrt{3}} = 0.58(mm), u_{rel}(a) = u_{rel}(b) = \frac{0.58}{150} = 0.387\%$$

虽然边长 a 与 b 用同一钢板尺测量,但不用测量具体数值,故其不确定度不相关,所以试件面积引起的不确定度 $u(A)$ 如下:

$$u_{rel}(A) = \sqrt{u_{rel}^2(a) + u_{rel}^2(b)} = \sqrt{0.387\%^2 + 0.387\%^2} = 0.547\%$$

$$u(A) = u_{rel}(A) \times (150 \times 150) = 123(mm^2)$$

3)样品不均匀性不确定度 $u(\delta)$ 和相对不确定度 $u_{rel}(\delta)$

因为样品为检测样品,数量为一组三块,因此不适合采用贝塞尔公式进行标准差的计算。我们选用极差法来计算标准偏差。对于此例,根据检测结果,一组三个试件的抗压强度分别为 36.9 MPa、39.4 MPa、41.2 MPa,最大值和最小值与中间值均未超过 15%,符合 GB/T 50081—2019 的要求。

$$s(x_k) = \frac{R}{C} = \frac{x_{max} - x_{min}}{C} = \frac{41.2 - 36.9}{1.64} = 2.62(MPa)$$

式中,R 为极差; C 为极差系数,可按表 2-2 查出。

因此,由样品不均性导致的不确定度和相对不确定度为

$$u(\delta) = \frac{s(x_k)}{\sqrt{n}} = \frac{2.62}{\sqrt{3}} = 1.51(MPa)$$

$$u_{rel}(\delta) = \frac{1.51}{39.2} = 3.85\%$$

应当指出,采用极差法相对于贝塞尔公式计算标准偏差,可能会带来较高的不确定度,但是一般建材检验检测机构的混凝土抗压强度试验往往是由不同的单位、不同的工程、不同的混凝土种类构成的单项、单次检测,因而不能取得充足的满足数理统计条件的基本数据。另外,在一组按 GB/T 50081—2019 进行的混凝土抗压强度不确定度评定中,

采用本实验室特定的一组数据(满足统计批数量)进行重复不确定度的评定也是不合适的。

4)数值修约引起的不确定度分量 $u(f_{rou})$

数据修约引入的不确定度,其大小与修约间隔有关。由 GB/T 50081—2019 可知,立方体抗压强度结果精确至 0.1 MPa,其标准不确定度为混凝土抗压强度修约间隔为 0.1 MPa。根据表 2-5 可知, $\delta_x = 0.1$ MPa, $u(f_{rou}) = 0.29\delta_x = 0.029$ MPa。

$$u_{rel}(f_{rou}) = \frac{u(f_{rou})}{\overline{f_{cc}}} = \frac{0.029}{39.2} = 0.07\%$$

4. 合成标准不确定度的计算

根据数学模型 $f_{cc} = \frac{F}{A} + \delta$,可知其合成标准不确定度为

$$u^2(f_{cc}) = c_1^2 u^2\left(\frac{F}{A}\right) + c_2^2 u^2(\delta)$$

式中, c_1、c_2 为灵敏度系数,对数学模型求导可得:

$$c_1 = \frac{\partial(f_{cc})}{\partial\left(\frac{F}{A}\right)} = 1 ; c_2 = \frac{\partial(f_{cc})}{\partial(\delta)} = 1$$

即 $u(f_{cc}) = \sqrt{u^2\left(\frac{F}{A}\right) + u^2(\delta)}$,其中 $u\left(\frac{F}{A}\right)$ 是由测量而来的不确定度,包括试验机引入的不确定度 $u(F)$、面积引入的不确定度 $u(A)$ 和数值修约引入的不确定度 $u(f_{rou})$; $u(\delta)$ 为其他因素引入的不确定度,包括样品不均匀性等。所以:

$$u_{rel}^2\left(\frac{F}{A}\right) = u_{rel}^2(F) + u_{rel}^2(A) + u_{rel}^2(f_{rou})$$

$$u_{rel}^2(f_{cc}) = u_{rel}^2(F) + u_{rel}^2(A) + u_{rel}^2(f_{rou}) + u^2(\delta)$$

将前面计算所得的不确定度分量代入得:

$$u_{rel}(f_{cc}) = \sqrt{0.596\%^2 + 0.547\%^2 + 0.07\%^2 + 3.85\%^2} = 3.93\%$$

$$u(f_{cc}) = u_{rel}(f_{cc}) \times \overline{f_{cc}} = 39.2 \times 3.93\% = 1.54(MPa)$$

5. 混凝土立方体抗压强度扩展不确定度 $U(f_{cc})$

选包含因子 $k = 2$,则置信水准95%下,该水泥胶砂抗压强度的扩展不确定度和相对扩展不确定度为

$$U(f_{cc}) = k \times u(f_{cc}) = 2 \times 1.54 = 3.08(MPa)$$

6. 混凝土抗压强度测量不确定度报告

本例所评定的一组混凝土抗压强度的测量不确定度报告如下:

$$f_{cc} = 39.2 \text{ MPa}, U(f_{cc}) = 3.08 \text{ MPa}; k = 2$$

其意义可以理解为:可以期望在(39.2-3.08)~(39.7+3.08)MPa 的区间包含了混凝土立方体抗压强度测量结果可能值的95%。

第三章 技术管理实务

第一节 技术管理文件的建立

技术管理是检验检测机构的主线,技术负责人是这条主线的主导人和把控者,因此组织建立好完整的技术文件是其首要任务。技术负责人负责的技术管理文件主要有作业指导书、与技术相关的质量记录表格、技术记录表格等。

一、作业指导书的编写

(一)概述

作业指导书是描述具体工作岗位和工作现场如何完成某项工作任务的具体做法,具有很强的操作性,是一个详细的工作文件,主要供个人或小组使用。作业指导书要求制订得合理、详细、明了、可操作。如果所执行的标准已包含了如何进行检测的足够信息,并且这些标准可以被检验检测机构操作人员正确使用,则不需编制作业指导书。对方法中的可选择步骤或其他细节,可能有必要编制作业指导书。作业指导书的编写应以申请检验检测机构资质认定的检验检测方法标准为依据。

(二)编写要求

由于各检验检测机构的规模、机构设置和实际业务活动不尽相同,因此运行控制程序文件及作业指导书的多少也不尽相同。一个程序文件可能涉及多个作业指导书,能在程序文件中交代清楚的活动,则不必再编制作业指导书。

1. 基本要求

(1)内容:作业指导书的名称及内容是什么,此项作业的目的是什么,以及如何按步骤完成作业。编制作业指导书应坚持"最好、最实际"的原则,不仅要采用最科学、最有效的方法,还要使其有良好的可操作性和良好的综合效果。

(2)数量:由于各检验检测机构的规模、机构设置和实际业务活动不尽相同,其作业指导书的多少也不尽相同。并非每一项工作需要或每份程序文件都要细化为若干作业指导书,只有在缺少作业指导书可能影响检测结果时才有必要编制作业指导书。

(3)格式:作业指导书的格式不拘一格,以满足操作要求为目的,应简单、实用、明了、可获唯一理解。

2. 编写步骤

编制作业流程图,按照作业顺序编写作业指导书。作业指导书的编写任务一般由具体检测室承担。明确编写目的是编写作业指导书的首要环节。

3. 编写格式

作业指导书的编写应符合"体系文件的编写原则及方法"的要求,正文格式与内容随文件性质不同而采用不同格式。可能时,可参考程序文件的格式编写。

(三)分类及内容

1. 作业指导书的分类

检验检测机构至少应具有以下四方面的作业指导书:

(1)方法类:用以指导检测的过程(如标准/规程、检测细则、检测大纲、指南等)。

(2)设备类:设备的使用、操作规范(如内部校准、期间核查方法、在线仪表的特殊使用方法等)。

(3)样品类:包括样品的准备、处置和制备规则。

(4)数据类:包括数据的有效位数、修约、异常数值的剔除,以及结果测量不确定度的评定等。

2. 作业指导书的内容

常用的方法类作业指导书通常应包括的内容:

(1)适用范围。

(2)对人员的要求。

(3)对仪器设备的要求。

(4)对样品预处理要求。

(5)对检测方法的要求。

(6)对环境条件及安全控制的要求。

(7)对关键工序或步骤的更详细的描述。

(8)还包括其受控状态、发布日期等。

(四)作业指导书管理

1. 作业指导书的批准

作业指导书应按规定程序批准后才能使用,一般由技术负责人批准。未经批准的作业指导书不能生效。

2. 作业指导书的使用

作业指导书属于受控文件,要有受控编号,包括上墙的作业指导书在内,经批准后只能在规定的场合使用。指导书如有变化应按规定的程序更改或更换。作废的作业指导书应按规定加盖"作废"章后留存或销毁。

(五)作业指导书示例

【例 3-1】 设备操作作业指导书示例。

××××作业指导书	文件编号:GCJC-ZY-××-2014
主题:WEW-1000B 型微机液压万能 试验机操作实施细则	第×页共×页
	第×版第×次修订
	颁布日期:××××年××月××日

1　适用范围

本实施细则适用于 WEW-1000B 型微机液压万能试验机的安全使用。按本实施细则进行操作时,尚应符合国家现行有关标准的规定。

2　仪器概述

2.1　用途:WEW-1000B型微机液压万能试验机,主要用于金属、非金属材料的拉伸、压缩、弯曲、剪切等力学性能试验。

2.2　性能:WEW-1000B型微机液压万能试验机为油缸下置,双空间框架结构,拉压间距可自动调节,液压自动夹具,设置手动、自动两种控制方式。控制单元采用计算机等控制系统组成,具有应力、应变、位移控制方式。试验数据可任意存取,并可实现数据和曲线的再分析,局部放大和数据再编辑,试样、环境、测试条件可编程,能自动求出材料的各项力学性能指标,并打印出完整的试验报告和曲线。

2.3　技术指标:

测量范围(kN)	40~1 000
量程(%)	100
示值精度(%)	±1
拉伸空间(mm)	0~870
压缩空间(mm)	0~870
圆试样夹持直径(mm)	ϕ20~ϕ40　ϕ40~ϕ60
扁试样夹持直径(mm)	0~40
扁试样夹持宽度(mm)	100
剪切试样直径(mm)	无
弯曲支滚间距(mm)	100~600
活塞行程(mm)	250
油泵电机功率(kW)	2.2
丝杆电机功率(kW)	0.75
主机外形尺寸(mm×mm×mm)	1 050×650×2 550
油源外形尺寸(mm×mm×mm)	620×590×1 200
质量(kg)	3 000
电源三相	380 V,50 Hz,2.6 kW

3　环境要求

3.1　温度:10~35 ℃,严格控制为(23±5)℃,其波动不大于2 ℃/h。

3.2　电源电压:应在AC380±10%的范围之内。

3.3　相对湿度:不大于80%(不结露)。

3.4　其他:无明显电磁场干扰、无冲击、无振动、周围无腐蚀性介质。

4　操作规程

4.1　测试前的准备工作

4.1.1　开机

(1)打开显示器及计算机电源开关,预热20 min。

(2)打开主机电源开关。

(3)开机,按下电源开关按钮,按下油泵启动开关,启动油泵电机,调整送油阀旋钮移动使试台置于适当位置,通过手动控制盒上的按钮控制升降电机,带动丝杆移动下横梁于适当位置,调好夹持空间后,按手动控制盒上的按扭控制上、下夹头的"紧"按钮将试样夹紧。

(4)待控制器出现计算机控制界面后,双击桌面上的"实验软件"图标。软件启动后点击主界面上的"伺服启动"按钮,之后可以进行移动横梁和试验等操作。

4.1.2　试验条件输入与选择

测试前用户必须输入与测试相关的试验参数以及试验选择,具体过程如下:

设置选项→选择负荷传感器。

设置选项→选择负荷单位、强度、长度单位。

设置选项→选择引伸计(或 X 轴)处理方式。

设置选项→选择试验类型(如拉伸、压缩等)及报告模板。

设置选项→选择试验标准。

设置选项→选择需要输出的数据项与之相应的修约间隔。

设置选项→输入相关的规定值(若需要)。

试样参数→根据试样特性进行计算面积处理选择,试样尺寸、试验数量等参数输入。如果是钢绞线试验,试验前必须输入钳口距离,否则会造成最大力延伸率不准确。

试验控制→确定过程控制阶段,并输入相关的数据,设置试验结束控制。

图形设置→依材料的力学性能指标,输入坐标轴显示最大值,最小值通常设为 0,若最大值无法确定,通常设置小一些,在测试过程中自动调整大小。

新试验→正确输入储存文件名(或选择编号),系统在测试结束后自动按该编号储存数据。若在单机(非网络环境)下使用建议最好以年月日为字符串,通过点击主界面上的"定义编号"按钮,以便追溯。

在夹持试样(第一个试样)前必须点击负荷"调零"按钮进行负荷调零,以后可以不再调零。测试时伸长、位移、时间自动调零。

4.1.3　夹持好试样

(1)若为负荷控制(或应力控制),按"开始测试"按钮,开始预加载,待预加载值达到后进行以下操作。

夹持引伸计(若使用引伸计),最好夹持在试样的中间部分。

测试开始,等上述工作全部完成后可进行以下操作:菜单操作,除用鼠标在主界面上菜单操作外,还可用键盘操作。热键:〈Alt〉+〈T〉+〈T〉;快捷键:〈F5〉;便捷按钮操作:用鼠标点击"开始测试"按钮,即可进入测试界面。

(2)举例说明:有 5 个具有明显屈服的金属棒材哑铃试验,在一台 100 kN 万能机(该机增配有一只 5 kN 负荷传感器)上做拉伸试验,以文字的形式说明如下:

1)设置选项→选择"采集卡 1:100 kN"负荷传感器。

2)设置选项→负荷单位为"kN";强度单位为"MPa";强度的修约间隔为"5";长度单位为"mm";伸长率的修约间隔为"0.1"。

3)设置选项→引伸计(或 X 轴)处理方式选择为:电子引伸计(变形为 1)。

4)设置选项→试验类为"拉伸";材料特性为"金属";报告模板为"拉伸试验报告模

板.xls"。

5)设置选项→试验输出项选择:"最大力""最大强度""上屈服强度""下屈服强度""规定非比例强度""弹性模量""断后伸长率",并选择其修约间隔。

6)设置选项→规定非比例伸长率为"0.2%",求取弹性模量时采用"两点拟合法"。

7)试样参数→每批试样数量输入5(输入完后按"Enter"确认);求取强度时面积(或分母)按下列方法处理选择为"棒状";在表格内的试样外径列输入其尺寸(试样尺寸的测量参阅相关的试验标准如 GB/T 228.1—2021),若无试样编号,试验时必须排列好顺序(必须与尺寸相对应)。根据试样特性进行计算面积处理选择;试样尺寸、试验数量等参数输入。

8)试验控制→过程控制分为两个步骤来完成,第一步:位移控制,速率为 10 mm/min;到达应变为2%后进入第二步变速:位移控制,速率为 50 mm/min,直至试验结束。自动提示取引伸计设置为有效,条件值为5%,即当应变达到5%时可以取掉引伸计;试验结束控制选择为破坏控制,其条件值为45%。

9)图形设置→Y 轴坐标单位为"MPa",显示最大值为500;主 X 轴(蓝色)采用变量为"变形1",坐标单位为"%",显示最大值为30;则主 X 轴绘制工程应力—应变曲线。选择一个 X 轴(红色),采用变量为"时间",显示最大值为100。

10)新试验→输入文件名为"20050512-1",然后按"Enter"键。

11)观察负荷显示窗口是否为"零",若不为"零",点击负荷"调零"按钮。

12)夹持好第一根试样,若试样夹持好后,试样可能已经承载力,此时应用横梁的慢速移动按钮(或控制器上的数字首轮)进行移动,使得负荷显示窗口为"零"。警告!应慢速移动,速度不能超过 5 mm/min,决不能用"调零"按钮进行调零。

13)夹持引伸计。

14)点击工具条上的"开始测试"按钮,进入测试。

15)当应变达到5%时系统自动弹出一对话框,取下引伸计,点击"确认"按钮。

16)试样拉断结束后,用卡尺测其断后标距,进入试样参数,在表格内对应的试样号的断后标距栏输入该测量值,点击主界面上的工具条按钮"存储数据",进行更改后保存。

17)重复以上步骤(12)~(16),直至5根试样全部结束。

4.2 测试结束

4.2.1 测试正常结束

依测试条件中的试验结束条件而定,是破坏结束,还是非断裂结束;结束后十字头是停止,还是以最高速返回到原来位置;结束后,大约等1 s,试验数据显示在主界面,观看其试验结果。注:直接按〈空格〉键,试验正常结束,试验结果有效。

4.2.2 测试终止

由于人为因素,如试样未夹持好或引伸计忘夹持等,此时可以进行以下的任一操作而终止测试。

(1)菜单操作。

除用鼠标在主界面菜单操作外,还可以用键盘操作:

热键:〈Alt〉+〈T〉+〈S〉;快捷键:〈F8〉。

(2)便捷按钮操作。

在测试状态下,点击主界面工具条上的"终止测试"按钮,终止测试,同时十字头光标停止移动。

4.2.3　关机

(1)关闭主机电源。

(2)退出试验软件。

(3)退出 Windows:点击任务栏的"开始"按钮,点击"关闭计算机",弹出一对话框,选择"关闭计算机",点击"是(Y)"按钮。等计算机主机电源关闭后,关闭显示器。

5　限位及过载保护

5.1　限位保护

本机配有上下级限位保护,每一级同时配有程控和机械位置保护,当程控失效后,机械保护起作用,系统断电,当出现此情况时,说明程控限位有故障,排除故障后,方可进行测试。

警告!在试验开始之前,必须调整限位位置,无误后,方可进行试验,否则有可能损坏设备。

5.2　过载保护

超过满量程的 5% 时进行保护;断电保护,卸载后即正常。

6　操作注意事项

6.1　在使用计算机时,请不要将来历不明或与本机无关的软盘在此进行读写(或拷贝),预防计算机病毒感染,否则会造成系统瘫痪。

6.2　在开机前必须检查计算机与主机的连接线、插头、插座、电源插头是否正确。

6.3　每次关机至开机的时间间隔不得少于 5 s,也就是说,若在中途关掉主机电源,再次开机需等待至少 5 s。

6.4　试台限位装置触头位置的检查很重要,如果位置不对或螺钉紧固不好,可能造成传感器或其他部件损坏。

6.5　在空载下以高速移动试台进行试验空间调整时,注意两夹具间的距离,在距离比较小时,移动速度必须放慢,严禁两夹具接触时移动试台,否则易损坏传感器。

6.6　检查急停开关的状态,压下为紧急停止状态,顺时针旋转后(弹起)为移动状态,在测试前急停开关应处于移动状态。

6.7　计算机键盘(鼠标)与控制盒,不得两人同时按运行或停止键。

6.8　正确选择夹具,不得超载使用。

6.9　在开始测试之前,注意观察主界面上提升条上的试验类型、使用的负荷传感器、使用哪一种引伸计进行数据处理,是否设置正确。

6.10　读取数据文件时,系统试验设置全部被更改,若重新做试验,必须进行设置。

6.11　启动系统软件,不得关掉计算机电源;退出系统软件,退出 Windows 后才允许关掉计算机电源,否则将造成系统软件破坏。

6.12　突遇停电,请马上关掉所有电源,待确认供电稳定后再开机。

6.13　本机运行后切勿离开岗位,若离开时一定要切断电源或压下急停开关。

二、技术记录的编写

《检验检测机构资质认定能力评价 检验检测机构通用要求》第4.5.11条中的条文解释对技术记录这样定义:技术记录指进行检验检测活动的信息记录,应包括原始观察、导出数据和建立审核路径有关信息的记录,检验检测、环境条件控制、员工、方法确认、设备管理、样品和质量监控等记录,也包括发出的每份检验检测报告或证书的副本。

编写技术记录时应注意两个方面:一是技术记录应包含充分的信息,使该检验检测在尽可能接近原始条件的情况下能够重复;二是技术记录应包括抽样人员、每项检验检测人员和结果校核人员的签字或等效标识。

记录信息的充分性表现在两个方面:其一,表格信息栏目设置的充分性,如检验检测方法要求记录10项信息,表格仅设置了8项信息栏目,这种信息不充分是负责表格设计的技术人员的责任;其二,信息填写的充分性,如表格设置10项信息栏目,岗位员工仅填写了9项,这种信息不充分是岗位员工的责任。

许多检验检测机构对记录信息的充分性及其法律责任的认识存在不足,导致技术记录不能反映检验检测活动的真实情况,记录信息是完成检验检测方法活动规定的客观证据。例如,化学量检测检验检测机构的技术记录往往不能反映物品处理前的情况。某检验检测机构配制某元素标准溶液的记录仅见取0.4 g该元素,未说明该元素的存在状态,是化合物,还是纯金属或溶液;某地质样品检测检验检测机构提供审查的样品加工记录与采用的地质规范要求不一致;某化学量检测检验检测机构提供的恒重的称量记录仅见被称量物品的一个称量数据,分光光度法检测原始记录不能提供方法要求的校准曲线,色谱法检测原始记录未见用于被检测物品中某化学量定值的标准品的信息;根据金属材料拉伸性能检测方法规定,测量并记录试件的上、中、下三处,每处正交直径的3组测量结果,取截面面积最小的那组用于计算检测结果,少数检验检测机构提供审核的检测原始记录,仅见中间处正交直径的2个测量结果计算截面面积,等等。

技术记录表格对于不同行业来讲,会存在很大的差别,其编号规则由各检验检测机构根据自己的实际情况自行规定。

【例3-2】 技术记录表格目录列表。

技术记录表格目录

记录表格编号	记录表格名称
××JC-JL-010-20××	标准查新有效性确认表
××JC-JL-011-20××	现行有效标准一览表
××JC-JL-028-20××	检验检测委托单
××JC-JL-029-20××	现场检验检测委托单
××JC-JL-046-20××	人员技术档案目录
××JC-JL-047-20××	人员基本信息登记表
××JC-JL-048-20××	年度培训计划表

××JC-JL-049-20××	年度培训记录表
××JC-JL-050-20××	年度考核记录表
××JC-JL-051-20××	培训宣贯记录
××JC-JL-052-20××	人员外部培训审批表
××JC-JL-053-20××	技术人员培训登记表
××JC-JL-054-20××	检测人员上岗培训操作考核记录表
××JC-JL-055-20××	技术人员能力确认及授权表
××JC-JL-056-20××	上岗证书核发登记表
××JC-JL-057-20××	环境设施条件要求一览表
××JC-JL-058-20××	环境/设备条件监控记录表
××JC-JL-059-20××	安全作业检查表
××JC-JL-060-20××	化学药品入库登记表
××JC-JL-061-20××	化学药品领用登记表
××JC-JL-061-20××	环境保护检查记录表
××JC-JL-062-20××	"三废"处理登记表
××JC-JL-063-20××	内务卫生检查记录表
××JC-JL-064-20××	检测方法确认申请表
××JC-JL-065-20××	检测方法确认评审表
××JC-JL-066-20××	测量不确定度评定报告
××JC-JL-067-20××	作业指导书编制申请表
××JC-JL-068-20××	作业指导书清单
××JC-JL-069-20××	新开展检测项目申请表
××JC-JL-070-20××	新开展检测项目评审表
××JC-JL-071-20××	允许偏离申请表
××JC-JL-072-20××	计算机软件登记表
××JC-JL-073-20××	仪器设备台账
××JC-JL-074-20××	仪器设备维护保养计划表
××JC-JL-075-20××	仪器设备维护保养记录表
××JC-JL-076-20××	仪器设备维修申请表
××JC-JL-077-20××	仪器设备维修记录表
××JC-JL-078-20××	检测仪器设备使用记录
××JC-JL-079-20××	外检仪器设备出入库登记表

××JC-JL-080-20××	仪器设备授权明细表
××JC-JL-081-20××	仪器设备停用、降级、报废处理申请表
××JC-JL-082-20××	仪器设备停用、降级、报废处理登记表
××JC-JL-083-20××	仪器设备期间核查计划表
××JC-JL-084-20××	仪器设备期间核查评价记录表
××JC-JL-085-20××	仪器设备检定/校准计划及实施记录表
××JC-JL-086-20××	仪器设备结果确认记录表
××JC-JL-087-20××	标准物质登记表
××JC-JL-088-20××	标准物质检定/校准计划及期间核查计划表
××JC-JL-089-20××	标准物质检定/校准及期间核查实施记录表
××JC-JL-090-20××	检验委托单
××JC-JL-091-20××	现场检验任务单
××JC-JL-092-20××	检验抽样单
××JC-JL-093-20××	样品流转交接表
××JC-JL-094-20××	样品留样、销毁登记表
××JC-JL-095-20××	退样登记表
××JC-JL-096-20××	能力验证和实验室比对计划表
××JC-JL-097-20××	能力验证和实验室比对成果评审表
××JC-JL-098-20××	检验检测报告发放登记表
××JC-JL-099-20××	检验检测报告修改替换通知书
××JC-JL-100-20××	异常检测结果反馈单
××JC-JL-101-20××	异常检测结果台账
××JC-JL-102-20××	检测报告审批流转表

第二节 技术管理文件的运行

一、人员管理

检验检测人员是检验检测工作的基本技术能力要素之一,检验检测机构应按照所开展的检验检测项目配备相应的检验检测技术人员和管理人员,对人员的资格确认、任用、授权和能力保持等进行规范管理,确保管理体系有效运行。

检测操作人员应经技术培训、通过建设主管部门或委托有关机构的考核,方可从事检测工作。检测技术、检测项目、检测设备、检测要求等都在快速发展,检测人员必须及时更新知识。随着检测技术、检测项目、检测设备、检测要求等的发展变化,检测机构检测人员的岗位能力也相应地发生变化,为保证检测工作质量,应定期对其能力进行确认。具体确认周期应考虑其所使用检测方法标准的更新变化以及行业的相关规定。

(一)人员培训

检验检测机构应经常对其从业人员进行培训。培训对象包括新进人员和在职人员;培训内容不仅包括专业技术知识的培训,而且包括法律法规、规章制度以及机构的体系文件和思想教育培训;培训工作不要流于形式,一定要做到有计划、有目标、有效果。

1. 制订培训计划

为了使技术人员能快速、准确地掌握检验检测技术,同时不断进行知识更新,检验检测机构可采取自学与培训相结合的方式对人员进行培训。技术负责人应根据当前的需要和今后发展的目标,制订与检验检测机构当前和预期任务相匹配的人员教育和培训计划。每年年初或上一年年底要制订出切实可行的年度人员培训计划,确定人员的教育和培训目标。

培训计划应与检验检测机构当前和预期的任务相适应,充分考虑检验检测技术人员和管理人员应当熟悉和掌握的基本知识和技能,以及他们的岗位职责、任职要求和工作关系,确定培训的时机、频次和培训内容、培训方式,使其满足岗位要求,并具有所需的权力和资源,履行建立、实施、保持和改进管理体系的职责,确保管理体系持续有效运行。

培训内容至少应包括:相关法律法规、《检验检测机构资质认定管理办法》修正案、《检验检测机构监督管理办法》、《通用要求》及补充要求、管理体系文件、有关标准和规范、检验检测方法原理、检验检测操作技能、标准操作规程、质量管理和质量控制要求、检验检测机构安全与防护知识、计量溯源和数据处理知识等。

2. 组织培训

检验检测机构应根据年度人员的培训计划组织实施人员培训,坚持培训人员、培训内容、培训时间三落实原则,增强教育培训的针对性和实效性,确保培训质量。

1)岗前培训

对新入职人员组织上岗培训。培训内容包括企业文化、从业规范、安全作业、相关标准方法、岗位技能等,适时参加行业主管部门组织举办的检测从业人员上岗培训。

2)岗位培训

根据管理体系运行的需要,所有技术人员的知识、技能应不断更新与提高,对本专业的检测动态应及时了解,应按规定参加本岗位的继续教育,不断提高专业技术水平,确保岗位能力持续有效。

3)适时培训

检验检测机构应跟踪相关法律法规和标准、技术规范的变化,及时组织人员参加培训学习。

3. 培训考核及有效性评价

检验检测机构应评价这些培训活动的有效性。可以通过对人员能力的考核来实现对每次培训有效性的评价。如通过实际操作考核、质量控制结果、内外部审核、不符合工作的识别、利益相关方的投诉、人员监督评价和管理评审等多种方式对培训活动的有效性进行评价,并持续改进培训,以实现培训目标。

(二)人员能力确认与监督

检验检测机构应对抽样、操作设备、检验检测、签发检验检测报告或证书以及提出意见和解释的人员,依据相应的教育、培训、技能和经验进行能力确认。能力确认由检验检测机构的技术负责人根据本单位的实际情况,对经过培训且符合相应岗位条件的人员进行能力确认,对确认后的人员应有相应的授权,明确其职责权限。

应由熟悉检验检测目的、程序、方法和结果评价的人员,对检验检测人员包括实习员工进行监督。

1. 人员能力确认

(1)经过技术培训、通过建设主管部门或委托有关机构的考核,方可从事检测工作。

(2)经过检测机构内部上岗培训,熟悉检测程序、设备使用、相关标准或技术规范,能够独立进行检测项目操作。

(3)签发检验检测报告或证书的人员还需经资质认定部门考核合格。

(4)检验检测机构对其进行能力评价,确定上岗资格。

(5)上岗资格的确认应明确、清晰,如进行某一项检验检测工作、签发某范围内的检验检测报告或证书、操作某一台设备等,应由技术负责人来完成。

(6)检测人员应及时更新知识,按规定参加本岗位的继续教育,不断提高专业技术水平,确保检测技术能力持续有效。

(7)当人员能力确认标准发生变化时,应及时进行能力再确认。

(8)检测人员岗位能力应定期进行确认,具体确认周期应考虑其所使用检测方法标准的更新变化以及行业的相关规定。

(9)检验检测机构应有人员能力确认的相关记录,保存在人员的技术档案中。

2. 人员监督

人员监督是保障检验检测结果正确性、可靠性的重要手段之一。对人员监督主要是监督他们是否严格按执行标准或作业指导书规定的方法,是否形成了及时、准确、清晰、完整的记录。监督员必须对其所从事的检测过程进行监督,事后复核检查,从源头提高对工作过程的控制,确保这些人员的能力是胜任、且受到监督的。依据检测机构的管理体系要求,对所有人员都应该进行监督,对在培人员或上年度监督有问题的人员则要加大监督频次。

1)监督员的设置

监督是一项技术性很强的工作,监督员应由检测领域中业务能力强、工作经验丰富、熟悉各种检测方法,并能够在工作中对不规范及不正确的行为进行识别,懂得如何评价检测结果的人员组成。其专业知识要求高于一般的检测员。检验检测机构设置监督员的数量只是相对的,应以能够覆盖其开展的检测项目为准,根据机构的规模和业务范围确定,一般每个大专业都至少要有一名监督人员。

2)监督计划

检验检测机构应有监督计划,对监督的内容、频次和时机、被监督对象、记录和评价的要求等做出明确要求。由熟悉检验检测目的、程序、方法和结果评价的人员担任监督员,明确认定并授权监督员对所有检验检测人员的技术能力进行连续监督,以确保检验检测活动符合要求。监督计划一般在年初或上年底制订。监督的对象是所有检验检测人员,重点是在实习的、新上岗的、转岗的、操作新标准或新方法和允许方法偏离的、对环境条件有严肃要求的项目的员工。

3)监督实施过程

监督员应按计划实施监督,可以通过现场试验、核查检测报告等手段进行监督,发现问题要及时纠正,并分析原因、评价影响、提出改进意见和措施。必要时,启动不符合工作控制程序,确保检测人员持续承担该项工作的能力。

监督员应对日常监督中所发现问题的纠正措施进行跟踪、验证,确保纠正措施的有效性。

监督内容可以包括:检测人员是否持证上岗;岗位操作技术上的正确性与准确性;仪器设备使用的正确性;检测耗材、试剂、标准物质的选用正确性;检测方法选择及应用的正确性;检测环境条件及其设施的正确性;抽样及处置的正确性;原始记录的正确性;数据处理的正确性。

下列情况出现时,监督员要重点加以监督:执行重要关键检测项目时,开展新项目检测时,关键大型设备投入使用时,新培训人员参与检测工作时,检测环境有苛刻要求时,检测数据异常或濒临临界值边缘时,客户有投诉复检时。

4)监督方式

监督基于检验检测活动的特性,可包括下列方法的组合:如现场观察、报告复核、面谈、模拟检验检测以及其他评价被监督人员表现的方法,也可结合内部质量控制、检验检测机构间比对或能力验证的结果来完成。

5)监督记录

检验检测机构应保留监督活动的过程记录。监督记录可以设计成表格形式,内容可包括监督时间、监督员、监督对象、监督内容、监督方式、监督结果、意见确认等。在每次监督活动后,都应有记录,且都应进行评价,监督记录应详细而真实地反映当时的监督活动。

6)监督结果的处理

在监督过程中发现的不符合及潜在不符合情况,应按照管理体系文件的相关要求及时处理和反馈,采取纠正措施,并进行跟踪验证。质量管理部门定期对监督结果加以收集、汇总、分析、报告、评价,并作为管理评审的意见输入相关文件,以确保体系不断改进。

检验检测机构可根据监督结果对人员能力进行评价并确定其培训需求。

人员监督,是内部质量保证的重要组成部分,是确保检验检测数据和结果满足要求的重要手段,也是检验检测机构管理的难点。检验检测机构应充分认识到监督工作的重要性,发挥监督员的作用,提高监督工作的有效性,不断提升检验检测机构的管理水平和整体素质,从而提高工作质量,满足客户和《通用要求》的要求。

二、设备管理

(一)设备分类管理

检测设备的管理,应根据仪器设备的技术性能分别管理,突出重点,提高效率。重要的严格管理,一般的一般管理。《房屋建筑和市政基础设施工程质量检测技术管理规范》(GB 50618—2011)附录C提出了分类管理的规定,将检测设备分为A、B、C三类分别管理。

1. A类检测设备表C.0.1

A类检测设备参照表C.0.1划分,并符合下列原则:

(1)本单位的标准物质(如标准水泥、校准负压筛析仪筛的标准粉、TVOC和苯的标准溶液、ISO标准砂、化学分析使用的各种标准溶液)。

(2)精密度或用途重要的检测仪器设备(如色谱仪、分析天平、平板导热仪、非金属超声波检测仪、百分表、低本底多道γ能谱仪、恒温恒湿箱、拉力机、压力机等)。

(3)使用频繁,稳定性差,使用环境恶劣的检测仪器设备(如回弹仪、砂浆贯入仪、钢筋扫描仪、全站仪、水准仪、经纬仪等)。

2. B类检测设备

B类检测设备参照表C.0.2划分,并符合下列原则:

(1)对测量准确度有一定要求,但寿命较长,可靠性较好的检测设备(如水泥胶砂搅拌机、水泥净浆搅拌机、水泥流动度测定仪、连续式钢筋标点机等)。

(2)使用不频繁,稳定性好,使用环境较好的检测设备(如负压筛析仪、压力泌水率、贯入阻力仪)。

3. C类检测设备

C类检测设备参照表C.0.3划分,并符合下列原则:

(1)只用作一般指标,不影响试验检测结果的检测设备(如振筛机、砂浆搅拌机、混凝土搅拌机、压碎指标测定仪、坍落度筒、反复弯曲试验机、抗弯试验机等)。

(2)准确度较低的工作工具(如沸煮箱、水平尺、钢卷尺、金属容量筒、低准确度的玻璃量具、普通水银温度计、环刀等)。

(二)设备的配置

检测设备是检测工作的基本技术能力的要素之一,符合规范要求的检测仪器、设备的配置,具有要求的数量、技术性能、规格、精度要求的检测仪器设备,是检测机构必备的条件之一。

(1)检测机构应配备满足开展检测项目标准要求的检测设备,仪器设备配置数量、规格、性能及精度,而且检测设备应在检定有效期内。例如:

①水泥碱含量检测,设备配置要求:火焰光度计、铂皿(昂贵专管)、氢氟酸、硫酸、低电热板、甲基红指示剂溶液、氨水、碳酸铵溶液、快速滤纸、100 mL容量瓶、盐。

②水泥氯离子检测,设备配置:400 mL烧杯、硝酸、硝酸银、慢速滤纸、玻璃砂芯漏斗、250 mL锥形瓶、烧杯、玻璃棒、滤纸、硫酸铁铵指示剂溶液。

(2)检测设备的安装应符合标准相关规定。

例如:

①水泥胶砂振实台应安装在高度约400 mm的混凝土基座上。混凝土体积约为0.25 m³,重约600 kg。需防外部振动影响效果时,可在整个混凝土基座下放一层厚约5 mm的天然橡胶弹性衬垫。

②电子天平应放置在密闭、无任何外界影响的房间内。

(三)设备的计量溯源

1. 设备的计量溯源

设备的计量溯源一般可以通过检定、校准或期间核查来进行。

首先应清楚什么是检定、什么是校准、什么是期间核查。

检定:查明和确认计量器具是否符合法定要求的程序,它包括检查、加标记和(或)出具检定证书。

校准:在规定条件下,为确定测量仪器(或测量系统)所指示的量值,或实物量具(或参考物质)所代表的量值,与对应的由标准所复现的量值之间的关系的一组操作。

2. 检定与校准的区别

检定与校准的区别主要表现在以下几个方面,见表3-1。

表 3-1　检定与校准的区别

溯源方式	检定	校准
目的	对测量仪器进行强制性全面评定,评定计量器具是否符合规定要求,做出是否合格的结论	是对照计量标准,评定测量仪器示值的准确性,同时可将校准结果(修正值或校准因子)用于测量过程中
对象不同	计量法明确规定的强制检定的计量器具	强制性检定之外的计量器具
性质不同	强制性的执法行为,属于法制计量管理的范畴	非强制性,为组织自愿的溯源行为
依据不同	国家计量检定规程(JJG)(规定:计量特性、检定条件、检定项目、检定方法、检定结果的处理、检定周期),为法定技术文件	国家计量技术规范(JJF)(规定:计量特性、校准条件、校准项目、校准方法、校准结果处理、建议复校时间间隔)
方式不同	有资质的计量部门或法定授权单位进行	外校、自校或两者结合
周期不同	按国家计量检定规程规定进行	可根据使用计量器具使用的频次或风险程度确定校准的周期。可定期校准、不定期校准或在使用前校准
内容不同	按国家计量检定规程,对计量器具全面评定	项目少于检定,主要针对计量器具的示值误差,一般仅涉及定量试验
结论不同	做出结果判定,合格颁发检定证书,不合格颁发检定结果通知书	《校准证书》或《校准报告》

3. 不同检测设备有不同的溯源要求

检测设备在不同的检测项目中有不同的用途,有的用作标准器,有的用作辅助设备;有的显示数据用于得出检测结果,有的用于提供或监控测量条件;有的用于测量,有的用于监测等。对于不同用途的测量设备,有不同的溯源要求。

(1)对应用于检测的测量仪器,当校准所带来的贡献对检测结果的扩展不确定度几乎没有影响时,可以不校准就采用核查法。

(2)对用于提供或监控测量条件的测量设备,例如向测量设备供电的普通交直流稳压电源,如果电源特性对最终的检测数据没有影响,或作为工具的万用表可以不进行校准,而采用核查。

（3）对检测结果产生直接影响的测量设备和对测量不确定度有重要影响的测量设备,应进行校准,对这样的测量仪器应制订详细的校准计划,规定校准时间、溯源路径、校准周期,并且需要对校准数据和结果是否符合检测工作要求做出判断。其中,有的测量设备还要进行期间核查。

（4）国际法制计量组织（OIML）将检定分为首次检定和随后检定两种形式。前者是测量仪器在投入第一次工作前进行的检定,以判断检测仪器是否满足要求;后者是判定检测仪器使用后是否保持了主要的计量特性。测量仪器应在检定有效期内使用。

（5）用于检测的检测设备,即使在进入检测机构时有出厂合格证,仍要对其进行校准和核查。如果无法校准,可通过检测机构比对或检测设备的比对,对检测设备进行核查。

在检定/校准证书结果出来以后,检定/校准证书应由相关人员进行确认,确认检定证书正确无误,校准证书出具的指标满足标准和说明书的要求。

4. 仪器设备的期间核查

1) 期间核查

期间是指为保持对设备校准状态的可信度,在两次检定之间进行的核查,包括设备的期间核查和参考标准器的期间核查。通过期间核查可以增强检验检测机构的信心,保证检测数据的准确可靠。

2) 期间核查的目的

期间核查的目的是"保持设备校准状态的可信（confidence）"。期间核查作为检测检验检测机构测量过程的监控手段之一,对检测检验检测机构出具的检测数据准确性起着非常重要的作用,它是在两次周期性检定/校准间隔内对检测设备的中间检查,亦即,在校准后,使用中的被核查仪器的校准值 X_S 的变化是否超出其给定的扩展不确定度区间 $\pm U$,或者使用中的被核查仪器的实际值 X_S 的变化是否超出其允许误差限 $\pm\Delta$,以判断设备是否保持上次校准时的各项计量性能指标,保证测量过程受控。一旦发现测量过程控制发生偏离,可以采取适当的方法或措施,最大限度地减少和降低由于设备或校准状态失效而产生的成本和风险,保证测量过程的受控状态,有效地维护检验检测机构和客户的利益。

3) 期间核查的主要对象

不是所有的设备都需要进行期间核查。通常来讲,期间核查的对象主要是新购设备,以及使用频次高的和使用环境恶劣的检测设备;主要或重要检测设备;不够稳定、易漂移、易老化且使用频繁的检测设备;经常携带到现场检验、校验的设备;运行过程中有可疑现象发生的检验、校验设备;选择对关键参量的检测质量影响较大的检测设备（例如,万能试验机、压力试验机、平板导热仪、土壤氡检测仪等）。

期间核查主要是核查测量仪器、测量标准或标准物质的系统漂移,即其长期稳定性。必须具备相应的核查标准和实施条件的,对无法寻找核查标准（物质）的不进行期间核查。期间核查可以提高监测质量的可靠性,降低出错的风险,但不能完全排除风险。期间核查的实施以及实施频次应结合检测机构自身的特点寻求成本和风险的平衡点。

4）期间核查的方法分类

开展"期间核查"的方法是多样的,基本上以等精度核查的方式进行,如仪器间的比对、机构间的比对、标准物质验证、加标回收、单点自校等都是可以采用的。更多的期间核查是通过核查标准来实现的。所谓核查标准,是指用来代表被测对象的一种相对稳定的仪器、产品或其他物体。它的量限、准确度等级都应高于或接近于被测对象,而它的稳定性要比实际的被测对象好。核查标准本身也应进行校准和确认。

（1）使用标准物质核查。标准物质包括各种标准样品、实物标准。使用标准物质核查时应注意所用的标准物质的量值能够溯源且在有效期内。如 pH 计、离子计、电导率仪等采用定值溶液进行核查,气体检测仪采用标准气体进行核查,气体采样器采用标准流量计等。使用标准物质核查时应注意所用的标准物质的量值能够溯源,并且有效。

（2）使用仪器附带设备核查。有些仪器自带校准设备,有的还带有自动校准系统,可以用来核查。如电子天平往往自带一个校准砝码。

（3）参加实验室间比对。

（4）与相同准确度等级的另一设备或几个设备的量值进行比较。

（5）对保留样品量值重新测量:保留的样品性能(测试的量值)稳定,也可以用来作为期间核查的核查标准。

（6）在资源允许的情况下,采用高等级的仪器设备进行核查。

5）期间核查的判定

期间核查优先采用"有证标准物质"或已知校准值/实际值的"核查标准"。

（1）用允许误差限判定。

使用被核查仪器设备的示值,必须核查其示值误差是否超出其允许误差限±Δ,方法归纳如表 3-2 所示。

表 3-2　用允许误差限判定方法

序号	核查标准	核查判据	核查仪器状态
1	有证标准物质或已知校准值/实测值的物质(x_s,已知 x_s 的扩展不确定度 $U_{95} \leq 1/3\Delta$)	$H = \left\| \dfrac{\bar{x}_1 - x_s}{\Delta} \right\|$	若 $H \leq 1$,被核查仪器设备的校准状态就得到维持
2	性能稳定的实际值未知的物品(质控样品)$x_s \leq x_1 - \delta$(仪器设备校正后需立即进行第一次测量,以便确定 x_s)	$H = \left\| \dfrac{\bar{x}_1 - \bar{x}_2 + \delta}{\Delta} \right\|$	若 $H > 1$,被核查仪器设备的校准状态就得不到维持

注:1. Δ 为被核查仪器设备的最大允许误差。

　　2. δ 为测量仪器示值误差,可由仪器校准证书查得。

（2）用扩展不确定度区间判定。

使用被核查仪器设备的校准值 x_s,必须核查其校准值的变化是否超出其给定的扩展不确定度区间±U,方法归纳如表 3-3 所示。

表 3-3　用扩展不确定度区间判定方法

序号	核查标准	核查判据	核查仪器状态
1	有证标准物质或已知校准值/实测值的物质，x_s 的不确定度必须比被核查仪器的校准值的不确定度小 3 倍以上	$H = \left\| \dfrac{\bar{x}_2 - x_s}{U} \right\|$	若 $H \leqslant 1$，被核查仪器设备的校准状态就得到维持
2	性能稳定的实际值未知的物品（仪器设备校正后需马上进行第一次测量，得到 x_1）	$H = \left\| \dfrac{\bar{x}_1 - \bar{x}_2}{U} \right\|$	若 $H > 1$，被核查仪器设备的校准状态就没有得到维持

注：U 为被核查仪器设备的校准值 x_s 的扩展不确定度，不是被核查仪器设备测量结果的不确定度（具有 95% 概率或 $k = 2$ 的区间）。

6）期间核查数据的应用

应分析期间核查的数据，当发现数据将要超出预先确定的判据时，应采取有计划的纠正、预防措施防止设备量值溯源失准。

接受准则：$H \leqslant 0.7$，设备技术指标稳定，继续保持。

拒绝准则：$H > 1$，表明设备技术指标超差，必须查找原因并迅速采取纠正措施或重新送检定/校准。

临界预防准则：$0.7 < H \leqslant 1$，表明设备技术指标接近临界，须查找原因并采取适当的应对风险和机遇的措施（包括增加核查次数）。

【例 3-3】　仪器设备期间核查示例。

（1）采用留样用允许误差限的方法判定水泥恒加荷压力机状态。

水泥恒加荷压力机设备检定后第一次测量的水泥胶砂 3 d 抗压强度为 18.4 MPa。

按规定核查期留样复测水泥胶砂 3 d 抗压强度为 18.5 MPa。

电液式水泥恒加荷压力机最大允许误差为 1%，仪器校准误差为 0.2%，由

$$H = \left| \frac{\bar{x}_1 - \bar{x}_2 + \delta}{\Delta} \right| = \left| \frac{18.4 - 18.5 + 0.2\% \times 18.4}{1\% \times 18.4} \right| = 0.34 \leqslant 1$$

说明该仪器的校准状态得到维持。

（2）采用留样用扩展不确定度区间方法对钢材力学性能试验用 WA-600 型万能试验机进行期间核查。

实验室使用两组同一根钢筋上切取的热轧带肋钢筋样品（直径 20 mm，HRB335）作为核查样品，检定结束后立即进行第一次拉伸试验，第一组钢筋极限抗拉荷载平均值为 $\bar{x}_1 = 143.7$ kN；检定时间过后 6 个月进行第二次拉伸试验，第二组钢筋（留存样品）极限抗拉荷载平均值为 $\bar{x}_2 = 144.9$ kN，万能试验机检定证书上可知其扩展不确定度 $U_{lab} = 1.85\%$。由于两次都需做到测量设备、方法、人员以及环境条件完全相同，所以这两次测量都有着相同的不确定度，置信概率达到了 95%，也就是 $U = \sqrt{U_{lab,1}^2 + U_{lab,2}^2} = \sqrt{2} \times 1.85\% = 2.62\%$。则 $H = \left| \dfrac{\bar{x}_1 - \bar{x}_2}{U} \right| = \left| \dfrac{143.7 - 144.9}{144.9 \times 2.62\%} \right| = 0.32 < 1$，可知在 150 kN 量程附近，该万能试验机的状态经期间核查符合要求。

(四)设备的维护保养

为了检测设备在检测时处于良好的状态,应做好检测设备的维护保养。检测机构应建立检测设备的维护保养、日常检查制度,做好相应记录。

(1)设备每天使用完毕后要及时清理,进行日常保养,发现问题及时上报。

(2)使用频率较高的设备维护频率应高一点,使用频率较低的设备维护频率可以减少,但也要进行定期维护,保证其正常运行(维护项目如万能机日常维护要保持机器上面的清洁、液压油是否满足机器要求等;如果定期维护,就需要检测电源线是否有松动、油缸密封是否有损坏渗油、传动链条是否需要加油)。

(3)标准物质应按说明书规定的环境和条件进行存放,未开封使用前应核查包装、标签证书的完好性,保质期是否过期、保存条件是否符合要求。

(4)标准物质开封后多次使用的有证标准物质,应检查使用情况,必要时根据其稳定特性、异常保存条件、测量结果可信度等,对特性值展开核查。

(5)维护保养过后应及时做好记录,存档。

三、场所环境管理

建设工程检测资质标准和《通用要求》中都明确要求,检验检测机构应具有固定的工作场所,工作环境满足检验检测要求。

设施和环境条件因素对检测结果的正确性、准确性和有效性产生重要影响。检验检测机构设施环境的配置应符合国家有关标准和技术规范的要求,满足检测工作及保证工作人员身心健康的要求。对有环境要求的场所应配备相应的监控设施并记录环境条件,其目的是保障检测结果的准确性、有效性和可追溯性。

(一)场所环境的设置

检验检测机构应具有满足相关法律法规、标准或者技术规范要求的场所,如固定的、临时的、可移动的场所。

(1)与检测活动有关的设施包括:工作场所(办公场所、实验室、制样室、样品室等),运行设施(水、电、风等),支持性服务(物品的运输)设施,检测工作的安全和防护救护设施,环境条件因素包括温度、湿度、粉尘、噪声和振动。

(2)场所的布置。

检验检测机构应确保其工作环境满足检验检测要求的同时,场所的布置要满足检测工作流程和方便操作者使用。例如:

①水泥室工作台面的高度、宽度的设计要适中;水泥净浆搅拌机、胶砂搅拌机、胶砂流动度测定仪、振实台、试验时所用相关工具等的设置及摆放位置均应合理,并且方便取用。

②水泥成型室、养护箱或雾室与养护室的设置应方便使用;为便于成型,拆模后的试件及时分别放入养护箱和养护水中进行养护,因此养护箱及水养设施尽可能接近成型室,保证试验过程不受环境温、湿度影响。

③混凝土拌和室要和混凝土养护室相邻,确保脱模后的混凝土试块能及时放置在养护室中,确保混凝土养护符合规范要求。

(3)不相容项目的检测设备不能放在一起。

例如:水泥成型实验室的温度应保持在(20±2)℃,相对湿度应不低于50%。水泥细度的试验要求相对湿度不大于50%,两个检测项目的试验环境不相容,不能设置在一起。

(4)相互影响的检测项目设备不能放在一起。

例如:水泥沸煮箱在工作状态下长时间持续产生热量和蒸汽,和所有的设备放在一起都会对设备造成不良影响,最好隔离放置并安装排气装置。

(5)用水的检测设备的设置要便于给水排水。

例如:门窗多功能检测试验机水密性检测淋水试验,要保证供水和排水的通畅。

(6)用电的检测设备线路规划整齐方便。

例如:检测设备线路要单相电、三相电区分,大功率设备走专线等。

(7)防护设施。

例如:①线路安装漏电保护器;②力学室万能试验机增设安全防护网(见图3-1)。

图3-1　万能试验机防护网

(8)检测工作场所应配备必要的消防器材,存放于明显和便于取用的位置,并应有专人负责管理。

(二)环境条件的监控

检验检测标准或者技术规范对环境条件有要求时或环境条件影响检验检测结果时,应进行监控,当环境条件不利于检验检测的开展时,应停止检验检测活动。

监控包括监测、控制、限制标识。

1.监测

对有环境条件要求的检测环境,要通过监测设施对检测环境条件进行监控测量,以确保整个检测过程持续满足相关标准规范要求,以免环境条件不满足影响检测结果。常用的有温湿度计(温、湿度计)、气压计等。例如:

(1)水泥成型室、养护箱或雾室、养护室等需要设置温、湿度计,确保试验环境满足标准规范要求。

（2）在进行门窗耐风压检测中，根据标准规范用气压计测量大气压。

2. 控制

检验检测机构确保化学危险品、毒品、有害生物、电离辐射、高温、高电压、撞击，以及水、气、火、电等危及安全的因素和环境得以有效控制，确保可能存在的交叉污染区域已有效隔离。对检测工作过程中产生的废弃物、影响环境条件及有毒物质等的处置，并有相应的应急处理措施。

例如：对温度有要求的可通过安装空调来控制，空调安装要根据房间大小来确定空调的大小，必须保证满足检验检测的规范要求；对湿度有要求的环境可以通过加湿器和通风设备来加以控制；对化学危险品（有毒或有害）等物质，放置在可以上锁的柜中，至少有两人分别保管钥匙，相关人员需要时两人必须同时到场开柜取用。

3. 限制标识

检测工作场所应有明显标识，与检测无关的人员和物品不得擅自进入检测工作场所。

例如：检测室门上可以粘贴"非请莫入"等字样的标识。

四、检验检测方法的选择

检验检测方法是检验检测机构实施检验检测工作的重要依据，是检验检测机构开展检验检测工作所必需的资源，也是组成检验检测机构管理体系所必需的作业遵循。如果检验检测方法和程序不同，就会造成检验检测结果不同。

（一）检验检测方法的选用

检验检测遵循的标准是关键，所有的结果都是与检验检测方法相关的。

检验检测机构应使用适合的方法（包括抽样方法）进行检验检测，该方法应满足客户需求，也应是检验检测机构获得资质认定许可的方法。检验检测机构应确保使用标准的最新有效版本。

检验检测方法包括标准方法和非标准方法，非标准方法包含自制方法。应优先使用标准方法，并确保使用标准的有效版本。

按照标准的使用范围，我国的标准分为国家标准、行业标准、地方标准和企业标准四个级别。

（1）国家标准：由国务院标准化行政主管部门（现为国家质量技术监督检验检疫总局）制定（编制计划、组织起草、统一审批、编号、发布）。国家标准在全国范围内适用，其他各级别标准不得与国家标准相抵触。

（2）行业标准：由国务院有关行政主管部门制定。如建工行业标准（代号为JG）由中华人民共和国住房和城乡建设部制定，建材行业标准（代号为JC）由中华人民共和国国家发展和改革委员会制定。行业标准在全国某个行业范围内适用。

（3）地方标准：由省、自治区、直辖市标准化行政主管部门制定。在地方辖区范围内适用。

（4）企业标准：没有国家标准、行业标准和地方标准的产品，企业应当制定相应的企业标准，企业标准应报当地政府标准化行政主管部门和有关行政主管部门备案。企业标准在该企业内部适用。

　　2016 年,质量监督检验检疫总局、国家标准化管理委员会以服务创新驱动发展和满足市场需求为出发点,以"放、管、服"为主线,激发社会团体制定标准、运用标准的活力,规范团体标准化工作,增加标准有效供给,印发了《关于培育和发展团体标准的指导意见》(国质检标联〔2016〕109 号),指导意见明确指出,社会团体可在没有国家标准、行业标准和地方标准的情况下,制定团体标准,快速响应创新和市场对标准的需求,填补现有标准空白;鼓励社会团体制定严于国家标准和行业标准的团体标准,引领产业和企业的发展,提升产品和服务的市场竞争力;建立团体标准转化为国家标准、行业标准和地方标准的机制,明确转化的条件和程序要求;对于通过良好行为评价、实施效果良好,且符合国家标准、行业标准或地方标准制定范围的团体标准,鼓励转化为国家标准、行业标准或地方标准;畅通社会团体参与国际标准化活动的渠道,鼓励社会团体基于团体标准提出国际标准提案,参与国际标准起草。

　　当需要使用非标准方法(含自制方法)时,应事先征得客户同意,并告知客户相关方法及可能存在的风险。需要时,检验检测机构应建立和保持开发自制方法控制程序。

　　如果标准、规范、方法不能被操作人员直接使用,或其内容不便于理解,规定不够简明或缺少足够的信息,或方法中有可选择的步骤,会在方法运用时造成因人而异,可能影响检验检测数据和结果的正确性时,则应制订作业指导书(含附加细则或补充文件)。作业指导书要制定得合理、详细、明了,便于理解和操作。

　　因此,在检验检测方法的选择上,优先使用国家标准,然后是行业标准、地方标准,非标准方法仅限于客户同意才进行。检测方法选择的核心是方法的有效性,特别注意要使用最新有效版本的方法。

　　当客户建议的方法不适合或已过期时,应通知客户。如果客户坚持使用不适合或已过期的方法,检验检测机构应在委托合同和结果报告中予以说明,应在结果报告中明确该方法获得资质认定的情况。

(二)标准方法的验证

　　检验检测机构在初次使用标准方法前,应验证能够正确地运用这些标准方法,并提供相关证明材料。如果标准方法发生了变化,应重新予以验证,并提供相关证明材料。

　　检验检测机构使用新标准、新方法实施检验检测,应对所用的仪器设备、环境条件、人员技术等条件予以验证,并提供相应的证明材料,以证明检验检测机构能正确使用该新标准实施检验检测。例如:检验检测人员是否经过有效培训,能否熟练掌握标准方法,是否具备相关的知识和能力,同时应提供培训考核的记录;检验检测所需的参考标准和参考物质是否配备齐全,仪器设备(含辅助设施)的选用是否符合标准方法的要求,是否制定了总体的校准计划,是否经过校准和确认,且有证明记录;设施和环境条件是否符合标准方法规定的要求,影响检验检测结果的环境条件的技术要求是否已文件化,并有验证记录;检验检测所需的记录表格是否齐全、规范、适用,必要时,是否编制了作业指导书;标准方法规定的各项特性指标在检验检测机构能否实现,能否提供相关检验检测的典型报告;是否制订了质量控制计划,通过检验检测机构间比对等技术手段验证能持续满足标准方法规定的要求等。

　　检验检测机构使用的检验检测方法的标准由国家或行业部门修订重新发布是经常发

生的。如果标准不涉及实际检验检测能力变化,检验检测机构可自我声明具备按照新标准开展检验检测活动的能力。如果标准涉及新增仪器设备、检验检测方法等的变化,检验检测机构应重新验证能有效使用这些新标准,并保留相关的证明材料。

总之,检验检测机构在将方法引入检验检测之前,应从"人""机""料""法""环""测"等方面验证其有能力按标准方法开展检验检测活动。

(三) 自制方法的验证

若没有恰当的标准规范或方法,检测人员应向技术负责人报告,采用非标准方法(含自制方法)。非标准检验方法是对没有检验方法的检验项目而编制的检验方法指导书。

检验检测机构在使用非标准方法前应进行确认,以确保该方法适用于预期的用途,并提供相关证明材料。如果方法发生了变化,应重新予以确认,并提供相关证明材料。

当检验检测机构为适应市场的检验检测需要,自行定制检验检测方法时,应符合管理体系中相关的程序文件规定的操作流程,符合国家对编制标准的相关标准要求。自己制定的方法必须经确认后使用。在方法制定过程中,需进行定期评审,以验证客户的需求能得到满足。

1. 自制方法至少应包含的信息

(1)方法适当的标识。

(2)方法所适用的范围。

(3)检测样品的类型描述。

(4)被测参数的范围。

(5)方法对仪器设备的要求,包括仪器设备关键技术性能的要求。

(6)需要用到的标准物质。

(7)方法对环境条件的要求,对环境稳定周期的要求。

(8)操作步骤包括:

①样品的标志、处置、运输、存储和准备;

②检测、校准工作开始前需要进行的检查;

③检查设备工作是否正常,需要时,使用之前对设备进行校准或调整;

④结果的记录方法;

⑤安全注意事项。

(9)结果接受(或拒绝)的准则、要求。

(10)需记录的数据以及分析和表达的方法。

(11)不确定度评定。

2. 非标准方法的技术确认

非标准方法的技术确认需从以下五个方面进行:

(1)使用参考标准或标准物质进行比较。

(2)与其他方法所得的结果进行比较。

(3)检验检测机构间比对。

(4)对影响结果的因素做系统性评审。

(5)根据对方法的理论原理和实践经验的科学理解,对所得结果的不确定度进行评估。

确认要尽可能全面,并保留自己制定的方法的确认和验证记录。

使用自制方法完成客户任务时,需事前征得客户同意,并告知客户可能存在的风险。

(四)方法的控制

(1)检验检测方法包括标准方法、非标准方法(含自制方法)。应优先使用标准方法,并确保使用标准的有效版本。

(2)在使用标准方法前,应进行验证。在使用非标准方法(含自制方法)前,应进行确认。

(3)检验检测机构应跟踪方法的变化,并重新进行验证或确认。方法无实质性变化可走方法变更程序,有实质性变化需走扩项程序。

(4)必要时检验检测机构应制定作业指导书。

(5)如需方法偏离,应有文件规定,经技术判断和批准,并征得客户同意。

(6)当客户建议的方法不适合或已过期时,应通知客户。

(7)非标准方法的使用,应事先征得客户同意,并告知客户相关方法可能存在风险。需要时,检验检测机构应建立和保持开发自制方法控制程序,自制方法应经确认。

五、样品管理与抽样管理

样品是检验检测机构的"料",同时也是检验检测机构的"客户的财产",保护其完整性不仅是检验检测的需要,也是保护客户机密和所有权的需要,以及检验检测机构证明诚信服务的需要。

抽样是取出物质、材料或产品的一部分作为其整体的代表性样品进行检测或校准的一种规定程序或抽样方法。

(一)样品管理

1.检测或校准物品的标识

检验检测机构应建立、实施和保持《检测或校准样品管理程序》,包括样品的运输、接收处置、保护、存储、保留或清理的过程,其目的是保护检测或校准物品的完整性,以及检验检测机构与客户利益。

检测或校准样品的"标识系统"应解读为检验检测机构内部的检测或校准样品的唯一性标识、检测或校准状态标识和可追溯性(或流转状态)标识。

《通用要求》条文解释中"物品群组的细分"可解读为按大宗客户的合同号,或按物品类别,或按检测、校准方法进行的唯一性标识;"物品在检验检测机构内外部的传递"可解读为检验检测机构负责抽样或存在分包时,物品在检验检测机构内外部传递的标识和记录,属于物品的可追溯性标识范畴。

检验检测机构的物品处置程序应规定唯一性标识、检测或校准状态标识、可追溯性标识的办法。物品唯一性标识的设计和使用应确保其在检验检测机构整个控制期间保留该标识,并确保物品不会与其他同类或类似物品,以及在涉及的记录和其他文件中混淆。

2.检测或校准物品的接收

在接收检测或校准物品时,检验检测机构应详细记录和描述物品的状态和客户的唯一性标识,包括物品的异常情况,对检测与校准方法正常或规定的偏离。当对物品是否适合于检测或校准存有疑问,或当物品不符合客户所提供的描述,或客户检测与校准要求规定得不够详尽时,检验检测机构应在开始工作之前询问客户,以得到进一步的说明,并记录下讨论的内容。

检验检测机构应区分留样和检测剩余物品。通常,留样用于验证目的。因此,留样时,应有检验检测机构和客户双方人员在场分样、封样,并在封条上签字确认。启用时,应有双方人员在场检查并确认封条的完整性。留样和启用过程均应做详细记录,以便日后查询。检测剩余物品是检测活动取样的剩余物品,不能用于验证目的。

3. 检测或校准物品的管理

检验检测机构应有适宜的程序和适当的设施避免检测或校准物品在存储、处置和准备过程中发生退化、丢失或损坏。"程序"可解读为避免检测或校准物品在存储、处置和准备过程中发生退化、丢失或损坏的技术性程序;检测或校准物品的种类、类型不同,所需的设施不同,其程序也不同;应分别规定金属材料大样和化学分析小样、金相样的保管条件与保留时间,对表面有镀层的金属材料要确保在取样、制样及储存过程中,表面镀层不被损坏。检验检测机构应遵守客户随物品提供的处理说明。检验检测机构应从检测或校准方法、规范、程序,以及物品处理说明书识别物品在存储、处置和准备过程中所需的环境条件,形成技术要求的监控清单,配置相应的设施和监控设备。当物品需要被存放或在规定的环境条件下养护时,应保持、监控和记录这些条件。例如,粉末物品在(105±5)℃烘2 h以上移入干燥器冷却,至室温后才能称量;水泥胶砂试块脱模后要放置在(20±2)℃水中养护到28 d龄期等。

当一个检测或校准物品或其一部分需要安全保护时,检验检测机构应对存放和安全做出安排,以保护该物品或其有关部分的状态和完整性。维护检测或校准物品安全可能出自记录、安全或价值的原因,或是为了日后进行补充的检测或校准。对检测之后要重新投入使用的物品,需特别注意确保物品在处置、检测、存储或等待过程中不被破坏或损伤。比如门窗、结构件等。

当抽样是委托检测或校准工作的一部分时,检验检测机构应向负责抽样和运输物品的人员提供抽样程序及有关物品存储和运输的信息,包括影响检测或校准结果的抽样因素的信息,以保护物品的完整性。

(二)抽样管理

(1)检验检测机构应建立抽样计划和程序,抽样程序应对抽取样品的选择、抽样计划、提取和制备进行描述,以提供所需的信息。

抽样计划和程序在抽样的地点应能够得到。抽样计划应根据适当的统计方法制定,分析抽样对检验检测结果的影响,抽样过程应注意需要控制的因素,以确保检验检测结果的有效性。

这里特别提示,抽样人员作为关键技术人员,在上岗工作前应经过岗位培训和能力确认。对新进、在培人员的培训和能力确认中应关注抽样能力的内容。

某些检验检测专业或检验检测项目对于抽样有较高或特殊要求的,或有关抽样的方法不够细化或明确的,应制定作业指导书。例如室内空气质量的检测。

(2)当客户要求对已有文件规定的抽样程序进行添加、删减或有所偏离时,检验检测机构应审视这种偏离可能带来的风险。根据任何偏离不得影响检验检测质量的原则,要对偏离进行评估,经批准后方可实施偏离。应详细记录这些要求和相关的抽样资料,并记入包含检验检测结果的所有文件中,同时告知相关人员。

(3)当抽样作为检验检测工作的一部分时,检验检测机构应有程序记录与抽样有关的资料和操作。这些记录应包括所用的抽样程序、抽样人的识别、环境条件(如果相关)、必要时有抽样位置的图示或其他等效方法,并以此判断抽样活动的有效。如适用,还应包括抽样程序所依据的统计方法。如某空气质量检测实验室,提供的室内空气质量检测记录,标示了被检测房间的长、宽、高,以及采样点的位置和高度。

六、合同评审的管理

(一)合同的分类

检验检测机构所涉及的与检测质量有关的合同分为检测合同、采购合同、服务合同、分包合同等。

1. 检测合同

检测合同是服务于客户的合同;可包括检测合同(检测协议书)、检测委托书(单)等。检测合同的主要内容一般包括:

(1)双方单位名称、地址、联系人及联系方式。

(2)工程概况。

(3)检测项目或检测范围。

(4)检测依据。

(5)检测费用的计算与支付:

①确定各项检测项目单价清单;

②明确结算付款方式;

③规定检测项目费用有异议时的解决办法。

(6)检测报告的交付:

①乙方交付检测报告时间的约定,检测报告份数;

②双方约定检测报告交付方式。

(7)检测样品的取样、制样、包装、运输:

①双方约定检测试件的交付方式,双方的工作内容及责任。乙方按有关规定对检测的试件进行留样及特殊要求。有特殊要求的应在合同中说明。

②检测样品运输费用的承担。

(8)甲方的权利与义务。

(9)乙方的权利与义务。

(10)对检测结论异议的处理。

(11)违约责任。

(12)争议的解决方式。

(13)其他约定事项。

(14)合同生效、双方签字及双方基本信息。

（15）其他事项。

2. 采购合同

采购合同主要是检测机构与设备供应商、消耗品供应商签订的合同。

3. 服务合同

服务合同主要是检测机构与设备校准机构签订的校准服务合同，以及与软件提供商签订的技术服务合同。

4. 分包合同

分包合同是指对检验检测机构资质认定管理办法和行业主管部门允许分包的项目进行分包而签订的分包合同。

（二）合作单位的管理

不同的合作单位对应着不同的管理方式。

（1）检测合同（或委托单、协议书）的合作单位是委托单位，即检测机构的客户，机构的服务对象。

在对客户的管理中要实现的目的是更好地服务客户，满足客户的合理要求，取得客户的信任。

采取的管理方式是了解客户的真实需求，为客户提供优质和超值服务；经常对客户进行回访和满意度调查，积极听取客户的意见，不断改进自己的工作和服务质量。

（2）采购合同的合作单位是供货商或生产厂家，相对于他们，检测机构是客户，是他们的服务对象。

在对供货商的管理中要实现的目的是获得性价比更高的产品，力争获得更加优惠的付款条件，获得更加优质的售后服务和售前服务，实现双方合作共赢。

采取的管理方式是了解该类产品的市场行情；了解不同厂家同类产品的性能特点；测算供应商的成本和利润；利用甲方优势和合同谈判的主动地位，采用恰当的合同谈判技巧，争取获得最大的合同优惠条件。

（3）服务合同的合作单位是提供设备校准和检验检测机构管理方面软件的服务商。在表面看检测机构是客户，但有些时候检测机构的优势地位并不明显。

在对服务商的管理中要实现的目的是获得超值的服务，在获得服务的及时性、对工作的便利性方面最大限度地得到满足。

采取的管理方式是选择有能力、服务好、信誉好的服务商。

（4）分包合同的合作单位是通过资质认定的、具有相应技术能力的检测机构，是检测机构的同行，也是机构的分包商，有时候也可能互为客户（有时候机构也可能成为对方的分包商），有的也可能是竞争对手。

在对分包商管理中要实现的目的是能获得客观、公正、准确可靠的检测数据，报告提供及时，服务周到。

采取的管理方式是要对分包商的能力和持续能力进行评价确认，对其质量保证体系进行评价。

（三）合同评审及实施

合同评审是指接到客户的检测业务后，为了确认能够保质保量地完成检测业务，对检测能力进行确认,扫除检测过程中的不确定因子,避免因检测过程中出现解决不了的问题而影响检测质量和报告提交时间的一项活动。一般合同评审主要是乙方的职责。

1. 合同评审的目的和意义

合同评审其实是为了满足客户的要求,而对检验检测机构技术能力进行全面的评估,查看是否能够满足客户要求的质量控制活动。合同评审起到与客户有效沟通和协调各种内部资源,减少误解、纠纷,降低责任风险,准确实施检测的作用。

2. 合同评审的主要内容

(1)有明确的客户要求。

(2)对检验检测机构的技术能力是否满足客户要求的评估。

(3)是否有分包或偏离及其处理的方式。

(4)报告交付时间、方式。

(5)检测费用计取和支付方式。

(6)样品处置方案和处理方式。

(7)双方的责任、义务及异议的解决方式。

3. 合同评审的实施

为了保证合同评审的有效性,应做好以下几个方面的工作。

1)充分确认合同评审人员的能力

检验检测机构应对评审人员的能力进行确认,保证其具有相当的理解和语言表达能力,充分理解客户要求及使客户了解检验检测机构的工作程序和流程;熟悉本检验检测机构检验检测资质和检验检测能力;熟悉相关法律法规及样品的产品标准和方法标准,对客户要求能够依据法律法规和标准进行足够的解释;对检验结果具有一定的专业判断能力。

2)评审的方法

对于常规的委托检验,客户要求是检验检测机构通过认证、认可的项目,且检验方法和检验条件都没有变化,业务受理人员按客户检验要求进行评审,并通过客户填写委托单的形式确认评审内容、明确检验项目、检测依据等,在双方签字后生效。

对于由政府下达的指令性检验任务、监督检验、仲裁检验等重要的检验任务和一些有特殊检验要求的委托检验(如采用新标准方法或非定型方法的检验),应由检验检测机构的技术负责人组织相关领域专业技术人员对检验检测机构的人员、设备、环境、检测要求等要素进行系统的评审,看是否满足相关标准或技术规范,进一步明确抽样的人员、时间和范围、检验项目、检验依据、结果的判定及报告、总结的交付时间等。

3)合同评审中要特别关注的几个要点

(1)把握好社会效应与法律责任的关系。

检验检测机构在考虑经济利益时,必须把握好法律责任,严格按标准规定进行检验检测和结果判定,在符合法律法规的前提下,向客户出具公正的检验数据。

(2)把握好利益和风险、技术能力的关系。

对于向社会出具公正数据的检验检测机构,在考虑利益的同时,一定要考虑风险,要考虑自身的检测能力、技术力量,决不能接受超范围、超技术力量,不具备检验检测能力的项目,确保承担的检验检测任务均在行业资质和计量认证范围内展开,确保出具检验报告的合法性、有效性。

（3）为客户保密。

为客户保密是合同评审的基本要求，必须严格遵循。

七、服务、供应品采购与分包

为保证外购物品和寻求的相关服务的质量，检验检测机构应当对外购物品和寻求的相关服务进行有效的控制和管理，以保证检验检测数据和结果的质量。

检验检测项目分包是合理充分有效利用资源、能力的有效途径，是市场经济行为在检验检测机构的反应。分包是检验检测机构对检验检测项目的分包。对于检验检测机构，对外分包检验检测项目是业务、技术、质量管理的一个重要环节，可属于"采购服务"的范畴。

(一) 服务和供应品采购的管理

1. 服务与供应品的类别

检验检测机构应根据自身需求，对需要控制的服务和供应品进行识别，并采取有效的控制措施。通常情况下，检验检测机构至少采购三种类型的供应品和服务。

（1）易耗品或易变质物品：如培养基、标准物质、化学试剂、试剂盒和玻璃器皿。使用时，检验检测机构应对其品名、规格、等级、生产日期、保质期、成分、包装、贮存、数量、合格证明等进行符合性检查或验证。对商品化的试剂盒，检验检测机构应核查该试剂盒已经过技术评价，并有相应的信息或记录予以证明。当某一品牌的物品验收的不合格率较高时，检验检测机构应考虑更换该供应品的品牌。

（2）设备：选择设备时应考虑满足检验检测方法；应单独保留主要设备的生产商记录；对于设备性能不能持续满足要求或不能提供良好售后服务的生产商，检验检测机构应考虑更换生产商。

（3）采购服务，包括检定和校准服务，仪器设备购置，应满足通用要求和规范标准的要求。环境设施的设计和施工，设备设施的运输、安装和保养，样品加工，废物处理等，还包括培训机构的选择。

2. 服务和供应品采购的控制要求

（1）检验检测机构应制定服务和供应品的采购程序，包括选择合格的检定或校准的服务方、仪器设备和消耗性材料的供应方和对购买、验收、存储和不合格品的处理规定等内容。

（2）检验检测机构的检测/校准工作离不开外购物品和相关单位提供的服务支持。在外购物品或服务不符合标准规范的情况下，检测或校准结果就难以保证质量，所以检验检测机构应当选择具备充分质量保证能力的单位，为其提供相关物品或提供服务。检验检测机构对供货单位或服务提供者（如提供仪器设备检定或校准的检定或校准机构）的质量保证能力进行应当评价，并建立合格供货单位和服务提供者的名单。

（3）检验检测机构每一次外购物品或选择服务，首先应从确定的名单中选择供货单位或服务提供者。当检验检测机构能够检测/校准时，应对外购物品实施检测和/或校准。

对供应品、试剂和消耗性材料应有验收要求。验收是对采购品控制的一个必要环节，只有经检查,验证采购品符合相关要求后才能投入使用。

(4)检验检测机构应建立合格供货单位和服务提供者的档案资料,对其质量保证能力予以印证。

3. 对提供检定和校准服务的合作方的管理要点

就检验检测机构认可而言,"服务"应重点解读为溯源性(校准或检定)服务,"供应品"应重点解读为影响检测或校准结果质量的易耗品。

校准和检定是测量设备和测量标准溯源的主要方式。为保证测量的溯源性,检验检测机构使用外部校准服务时,应使用能够证明资格、测量能力和溯源性的检验检测机构校准服务。校准活动由获准 CNAS 认可的校准检验检测机构实施,检定活动由政府计量行政主管部门授权的法定计量技术机构实施。由获准 CNAS 认可的校准检验检测机构和授权的法定计量技术机构发布的,带有认可机构标志的《校准证书》和授权标识的《检定证书》是所列测量结果溯源性的充分证明。

为保证采购的校准或检定服务的质量,检验检测机构应识别本单位检测方法要求配备的测量设备和测量标准的技术要求,即检验检测机构规范要求和相应的标准规范或预期使用要求,作为选择校准或检定服务供应商和验收时确认是否符合预期使用要求的依据。检验检测机构应按照此要求评价并选择检定和校准服务供应商。

检验检测机构应对校准或检定服务的潜在供应商的资质、能力和溯源性进行调查并进行评价,生成《检定和校准服务供应商评价记录》,调查记录作为其附件,制定并发布《合格检定和校准服务供应商名录》,保存评价记录和调查材料;需要采购溯源性服务时,从《合格检定和校准服务供应商名录》中选择供应商。检验检测机构应对《合格检定和校准服务供应商名录》进行动态管理。

许多检验检测机构对提供检定和校准服务的机构往往存在认识方面的误区,以为只要是法定计量技术机构或获准 CNAS 认可的校准检验检测机构都是其合格的溯源性服务的供应商;其实不然。例如,只具备万分之一天平检定或校准能力的法定计量技术机构或获准 CNAS 认可的校准检验检测机构,实际上不具备十分之一天平的检定或校准的技术能力;某地级市法定计量技术机构的"计量认证能力附表"中没有色谱-质谱联用仪项目,而某检验检测机构仍将该计量技术机构列为《合格溯源性服务供应商名录》。

4. 对影响测量结果的易耗品采购和验收控制要点

为保证采购的易耗品的质量,检验检测机构应识别检测或校准方法要求的易耗品的技术要求,制定并发布《在用检测或校准方法所需易耗品清单》,其内容包含(但不限于)所需的型式、类别、等级、标识或编号、商标、规格等信息作为验收依据。根据检测或校准方法中规定的标准规范或要求和检验检测机构累积的经验,识别对测量结果有影响的易耗品,保存识别记录,制定并发布《影响检测或校准结果的易耗品技术要求清单》,其内容包含(但不限于)检查验收方法或说明,检查结果批准技术要求等信息,作为检查验收所采购的、影响检测和校准结果的易耗品是否符合使用要求的依据。

检验检测机构应按照《影响检测或校准结果的易耗品技术要求清单》所列技术要求,评价并选择影响检测或校准结果的易耗品供应商,制定《影响检测或校准结果的易耗品采购计划》(包含验收方法和验收技术要求),按照《影响检测或校准结果的易耗品技术要求清单》所列技术要求和验收方法,对采购的易耗品进行验收,确保使用的易耗品符合检测或校准方法的要求,保存验收记录。

检验检测机构应对易耗品的潜在供应商的资质、供货能力和信誉进行调查并进行评价,生成《影响检测或校准结果的易耗品供应商评价记录》,调查记录作为其附件,制定并发布《影响检测或校准结果的合格易耗品供应商名录》,保存评价记录和调查材料;需要采购易耗品时,从《影响检测或校准结果的合格易耗品供应商名录》中选择供应商;对采购的易耗品按《影响测量结果易耗品技术要求清单》所列检查验收方法和技术要求验收,保存验收记录;跟踪并评价易耗品供应商的供货业绩,生成《影响检测或校准结果的易耗品供应商供货业绩记录》,保存相应的评价记录,作为调整《影响检测或校准结果的合格易耗品供应商名录》的依据。检验检测机构应对《影响检测或校准结果的合格易耗品供应商名录》进行动态管理。

一些检验检测机构对影响测量结果的试剂和消耗材料的验收往往存在认识方面的误区,因为检验检测机构不具备这种检查和识别能力而使验收过程流于形式。其实不然,影响测量结果的易耗品总是与检测和校准方法测量的成分或参数相关联。检验检测机构应根据检测或校准方法中规定的标准规范或要求和检验检测机构积累的经验,识别检测或校准方法所需易耗品中对测量结果有影响的易耗品的某种成分和参数,规定相应的检查验收方法和验收技术要求。

(二)分包管理

分包只能部分外包,不能全部分包。若将全部检验检测项目都分包给其他机构承担,属于转包行为。分包责任由发包方负责,即实施分包的检验检测机构负责。

1.分包产生的条件

(1)有需求:检验检测机构因工作量、关键人员、设备设施、环境条件和技术能力等原因,无法满足客户需求时,可分包检验检测项目。

(2)具能力:检验检测项目应分包给依法取得检验检测机构资质认定并有能力完成分包项目的检验检测机构。

(3)征许可:产生的分包及具体分包的检验检测项目应当事先取得委托人书面同意,并在检验检测报告或证书中清晰标明分包情况。

2.分包的两种形式

(1)"有能力的分包"指一个检验检测机构拟分包的项目是其已获得检验检测机构资质认定的技术能力,但因工作量急增、关键人员暂缺、设备设施故障、环境状况变化等原因,暂时不满足检验检测条件而进行的分包。

分包应分包给获得检验检测机构资质认定并有相应技术能力的另一检验检测机构,该检验检测机构可出具包含另一检验检测机构分包结果的检验检测报告或证书,其报告或证书中应明确分包项目,并注明承担分包的另一检验检测机构的名称和资质认定许可编号。

(2)"没有能力的分包"指一个检验检测机构拟分包的项目是其未获得检验检测机构资质认定的技术能力,实施分包应分包给获得检验检测机构资质认定并有相应技术能力的另一检验检测机构。

3.分包的报告管理

对于本身具有能力的检验检测项目分包,检验检测机构可出具包含另一检验检测机构分包结果的检验检测报告或证书,其报告或证书中应明确分包项目,并注明承担分包的另一检验检测机构的名称和资质认定许可编号。归纳说就是"报告包含,须注明"。

对于没有能力的检验检测项目分包,检验检测机构可将分包部分的检验检测数据、结果,由承担分包的另一检验检测机构单独出具检验检测报告或证书,不将另一检验检测机构的分包结果纳入自身检验检测报告或证书中。若经客户许可,检验检测机构可将分包给另一检验检测机构的检验检测数据、结果纳入自身的检验检测报告或证书中,在其报告或证书中应明确标注分包项目,且注明自身无相应资质认定许可技术能力,并注明承担分包的另一检验检测机构的名称和资质认定许可编号。归纳起来说就是"报告独立,经允许合并报告需声明"。

4.分包的控制要点

(1)检验检测机构应建立与分包相关的程序文件或管理制度,应识别因"分包"给检验检测机构带来的质量风险。

(2)承担"分包"检验检测任务的检验检测机构必须是依法取得检验检测机构资质认定并具有能力完成分包项目的检验检测机构。

(3)具体分包的检验检测项目应当事先取得委托人的书面同意。一般应与"合同"评审同时(合并)进行。

(4)检验检测机构应对分包方进行评价(或采信资质认定部门的认定结果),确认其能力(具备承担法律责任的能力、管理能力、技术能力),欲分包的项目必须在分包方的能力范围内,并建立和保存评审记录及合格分包方的名单。应注意对分包方的评价活动是动态的,要确保分包产生时,其能力的有效性。在进行分包时,应在合同中明确双方责任。

(5)无论是不是有能力的分包,只要分包给有资质并有能力的检验检测机构,并在报告或证书中,注明分包方的名称和资质认定许可编号,就可以在报告或证书中加盖CMA章。

(6)若由于分包引起法律纠纷,首先由发包方的检验检测机构承担相关法律责任,再根据分包协议界定、追溯分包方的责任。

(7)检验检测机构应定期评价并保存所有合格分包方名录以及相关证据和记录。如分包合同、申请分包的审批单、分包方能力的调查材料(法人及资质证明、能力证明、人员和设备等相关信息)、评审记录等。

八、检验检测报告管理

检验检测报告是检验检测机构的产品——数据和结果的载体,是检验检测机构工作质量的最终体现。数据和结果的准确性和可靠性,直接关系客户的切身利益,也关系到检验检测机构的形象和信誉。因此,《通用要求》的第4.5.20~4.5.27条款和《房屋建筑和市政基础设施工程质量检测技术管理规范》(GB 50618—2011)的第5.5条都对检验检测报告的管理提出了详尽的要求。

作为技术负责人,肩负着对本机构所有检验检测数据和结果质量控制的责任,因此必须对检验检测报告的管理控制做到要点清晰、把握准确,才有可能保证报告的公正性、严谨性和准确性。

(一)检验检测报告的内容

1.《通用要求》对检测报告内容的要求

检验检测报告或证书应至少包括下列信息:标题;标注资质认定标志,加盖检验检测专用章(适用时);检验检测机构的名称和地址,检验检测的地点(如果与检验检测机构的地址不同);检验检测报告或证书的唯一性标识(如系列号)和每一页上的标识,以确保能够识别该页是属于检验检测报告或证书的一部分,以及表明检验检测报告或证书结束的清晰标识;客户的名称和地址(适用时);对所使用检验检测方法的识别;检验检测样品的状态描述和标识;对检验检测结果的有效性和应用有重大影响时,注明样品的接收日期和进行检验检测的日期;对检验检测结果的有效性或应用有影响时,应提供检验检测机构或其他机构所用的抽样计划和程序的说明;检验检测报告或证书的批准人;检验检测结果的测量单位(适用时);检验检测机构接受委托送检的,其检验检测数据、结果仅证明所检验检测样品的符合性情况等共12项内容。其控制要点如下:

(1)检验检测机构应准确、清晰、明确和客观地出具检验检测报告或证书,可以书面或电子方式出具。检验检测机构应制定检验检测报告或证书控制程序,保证出具的报告或证书满足以下基本要求:①检验检测依据正确,符合客户的的要求;②报告结果及时,按规定时限向客户提交结果报告;③结果表述准确、清晰、明确、客观,易于理解;④使用法定计量单位。

(2)检验检测报告或证书应有唯一性标识。

(3)检验检测报告或证书批准人的签字或等效的标识。

(4)检验检测报告或证书应当按照要求加盖资质认定标志和检验检测专用章。

(5)检验检测机构公章可替代检验检测专用章使用,也可公章与检验检测专用章同时使用;建议检验检测专用章包含五角星图案,形状可为圆形或者椭圆形等。检验检测专用章的称谓可依据检验检测机构业务情况而定,可命名为检验专用章或检测专用章。

(6)检验检测机构开展由客户送样的委托检验时,检验检测数据和结果仅对来样负责。

检验检测报告或证书可采用三审制度,即有编制、审核、批准(签发),也可以根据本准则只需批准(签发)人。编制、审核、批准就是职务,没有必要再要求在编制、审核、批准(签发)人后加授权签字人、技术负责人等。只要检验检测机构文件有规定,编制、审核、批准(签发)人可以用手签、盖章、电子签名等多种形式。

2.《房屋建筑和市政基础设施工程质量检测技术管理规范》(GB 50618—2011)对报告内容的要求

GB 50618—2011中的第5.5条对检测报告的要求如下:

(1)检测项目的检测周期应对外公示,检测工作完成后,应及时出具检测报告。

(2)检测报告宜采用统一的格式;检测管理信息系统管理的检测项目应通过系统出具检测报告。检测报告内容应符合检测委托的要求并宜符合以下规定:

①实验室检测报告应包括以下14项内容:检测报告名称;委托单位名称、工程名称、工程地点;报告的编号和每页及总页数的标识;试样接收日期、检测日期及报告日期;试样

名称、生产单位、规格型号、代表批量;试样的说明和标识等;试样的特性和状态描述;检测依据及执行标准;检测数据及结论;必要的检测说明和声明等;检测、审核、批准人(授权签字人)不少于三级人员的签名;取样单位的名称和取样人员的姓名、证书编号;对见证试验、见证单位和见证人员的姓名、证书编号;检测机构的名称、地址及通信信息。

②现场工程实体检测报告应包括下列13项内容:委托单位名称;委托单位委托检测的主要目的及要求;工程概况,包括工程名称、结构类型、规模、施工日期、竣工日期及现状等;工程的设计单位、施工单位及监理单位名称;被检工程以往检测情况概述;抽样方案技术(附测点图);检测日期,报告完成日期;检测项目的主要分类检测数据和汇总结果,检测结论;主要检测人、审核和批准人的签名;对见证检测项目,应有见证单位、见证人员姓名、证书编号;检测机构的名称、地址和通信信息;报告的编号和每页及总页数的标识。

(3)检测报告编号应按年度编号排列,编号应连续,不得重复和空号。

(4)检测报告至少应由检测操作人签字、检测报告审核人签字、检测报告批准人签发,并加盖检测专用章,多页报告还应加盖骑缝章。

(5)检测报告应登记后发放。登记应记录报告编号、份数、领取日期及领取人等。

(6)检测报告结论应符合下列规定:

①材料的检测报告结论应按相关材料、质量标准给出明确的判定;

②当仅有材料试验方法而无质量标准,材料的试验报告结论应按设计要求或委托方要求给出明确的判定;

③现场工程实体的检测报告结论应根据设计及鉴定委托要求给出明确的判定。

(7)检测机构应建立检测结果不合格项目台账,并应对涉及结构安全、重要使用功能的不合格项目按规定报送时间报告工程项目所在地建设主管部门。

3.抽样报告的内容要求

检验检测机构从事包含抽样环节的检验检测任务,并出具检验检测报告或证书时,其检验检测报告或证书还应包含但不限于以下内容:抽样日期;抽取的物质、材料或产品的清晰标识(适当时,包括制造者的名称、标示的型号或类型和相应的系列号);抽样位置,包括简图、草图或照片;所用的抽样计划和程序;抽样过程中可能影响检验检测结果的环境条件的详细信息;与抽样方法或程序有关的标准或者技术规范,以及对这些标准或者技术规范的偏离、增加或删减等。

4.检测报告中的分包内容要求

若检测工作中包含了分包,其检测报告的内容及管理控制应满足《通用要求》第4.5.5条的要求,详见本书前述。

5.检测报告中的意见和解释

(1)检验检测结果不合格时,客户会要求检验检测机构做出"意见和解释",用于改进和指导。对检验检测机构而言,"意见和解释"属于附加服务。对检验检测报告或证书做出"意见和解释"的人员,应具备相应的经验,掌握与所进行检验检测活动相关的知识,熟悉检测对象的设计、制造和使用,并经过必要的培训。

(2)检验检测报告或证书的意见和解释可包括(但不限于)下列内容:①对检验检测结果符合(或不符合)要求的意见(客户要求时的补充解释);②履行合同的情况;③如何

使用结果的建议;④改进的建议。

检验检测结果不合格并在客户有要求时,检验检测机构才需要做出"意见和解释"。因此,检验检测机构并非一定要做"意见和解释"。如果通过与客户直接对话来传达"意见和解释",检验检测机构应保留这些对话交流的文字记录。

6. 检测报告的格式管理

检验检测机构的报告和证书的格式应精心设计,使之适用于所进行的各种检验检测类型,并尽量减小产生误解或误用的可能性。应当注意检验检测机构报告编排,尤其是检验检测数据的表达方式,并易于读者理解。报告或证书中的表头尽可能标准化。

7. 检测报告的修订要求

(1)当检验检测机构需要对已发出的结果报告做更正或增补时,应按规定的程序执行,详细记录更正或增补的内容,重新编制新的更正或增补后的检验检测报告或证书,并注以区别于原检验检测报告或证书的唯一性标识。

(2)若原检验检测报告或证书不能收回,应在发出新的更正或增补后的检验检测报告或证书的同时,声明原检验检测报告或证书作废。原检验检测报告或证书可能导致潜在其他方利益受到影响或者损失的,检验检测机构应通过公开渠道声明原检验检测报告或证书作废,并承担相应责任。

(二)检测报告的电子传送和记录报告的归档管理

1. 检测报告的电子传送

检验检测机构当需要使用电话、传真或其他电子(电磁)手段来传送检验检测结果时,应满足保密要求,采取相关措施确保数据和结果的安全性、有效性和完整性。当客户要求使用该方式传输数据和结果时,检验检测机构应有客户要求的记录,并确认接收方的真实身份后方可传送结果,切实为客户保密。必要时,检验检测机构应建立和保持检验检测结果发布的程序,确定管理部门或岗位职责,对发布的检验检测结果、数据进行必要的审核。

2. 检测报告的归档管理

1)《通用要求》要求

(1)检验检测机构建立检验检测报告或证书的档案,应将每一次检验检测的合同(委托书)、检验检测原始记录、检验检测报告或证书等一并归档。

(2)检验检测报告或证书档案的保管期限应不少于 6 年,若评审补充要求另有规定,则按评审补充要求执行。

2)GB 50618—2011 要求

(1)检测机构应建立自检测资料档案管理制度,并做好检测档案的收集、整理、归档、分类编目和利用等工作。

(2)检测机构应建立检测资料档案室,档案室的条件应满足纸质文件和电子文件的长期存放。

(3)检测资料档案应包含检测委托合同、委托单、检测原始记录、检测报告和检测台账、检测结果不合格项目台账、检测设备档案、检测方案、其他与检测相关的重要文件等。

（4）检测机构检测档案管理应由技术负责人负责,并由专(兼)职档案员管理。

（5）检测资料档案保管期限:检测机构自身的资料保管期限应分为 5 年和 20 年两种;涉及结构安全的试块、试件及结构建筑材料的检测资料汇总表和有关地基基础、主体结构、钢结构、市政基础设施主体结构的检测档案等宜为 20 年;其他检测资料保管期限宜为 5 年。

（6）检测档案可以是纸质文件或电子文件。电子文件应与相应的纸质文件材料一并归档保存。

（7）保管期限到期的检测资料档案销毁应进行登记、造册后经技术负责人批准。销毁登记册保管期限不应少于 5 年。

（三）技术负责人和授权签字人签发报告的控制要点

为确保检验检测机构所出具报告的合法性、正确性和信息的完整性,建设工程的检验检测机构根据 GB 50618—2011 的要求,须对出具的报告实行三级把关,即报告人(也有的是检测人)、审核人和签发人三级把关,并在报告上签字或等效签字(手签、盖章、缩写或电子签名)。在检验检测机构众多文字性的资料里都强调人员签字,人员签字的目的就是要向社会宣布按相关规定主导此项过程的责任人对该事件负责。所以,报告签字人员要对能承担责任的事项签字认可,一定要弄清楚所签字对哪些方面承担责任,只有如此才能避免盲目担责。

1. 检测报告形成的流程

检测报告是检验检测机构产品——检测结果的载体,要想保证检测报告的质量,我们首先要了解检测报告的形成流程,流程的每一个环节都会对检测报告的质量产生影响。

整个流程大致经过五个关键环节,每个环节对检测报告的影响是不一样的,该环节的相关人员所承担的责任也是不一样的。

2. 各环节的工作内容与责任

这里仅以见证取样类检测为例说明。

1）委托环节

委托是检测工作的第一步,也是很重要的一步,它是客户信息和检测信息的主要来源,也是双方就检测服务达成一致的证据。委托信息包括客户信息(名称、工程名称、委托人、地址电话等)、检测样品或检测项目的信息(名称、规格型号、样品状态、检测依据、检测参数等)、其他约定的信息(出具报告时间、数量、检毕样品处理、其他约定信息)。

在委托环节形成的成果或证明材料就是委托单,接受委托人员要在委托单上签字认可。

接受委托签字人员要对委托的信息负责,对样品的状态描述负责。

2）检测环节

检测人员在接到检测任务后,要按检测任务单(或传递卡)所依据的标准严格进行检测。在检测过程中要及时记录原始记录,记录的信息要完整,以使检测具有可复现性,原始记录确保原始清晰。为确保原始记录的原始性,允许在记录有误的情况下可以按规定进行修改,但不得补记、誊抄等。

检测人员要对数据的真实性、正确性、原始记录信息的真实性负责。

3）出具报告环节

报告的出具就是委托单上的信息和原始记录上的信息和数据（结果）转录到报告上，对原始检测数据进行计算修约并得出结论的工作。该工作要确保信息和数据转录正确，保证结果计算正确、数据修约正确、给出的结论正确严谨。该环节也是对报告的第一级把关。

报告出具人要对信息和数据转录的正确性负责，对结果计算的正确性、数据修约的正确性、评定依据的正确性和结论的正确严谨性负责。

4）报告的审核环节

报告的审核就是对出具的报告进行的第二级把关。该环节主要审核委托单、原始记录等原始凭证信息是否完整，填写是否规范，相关责任人签字是否齐全，检测的依据是否正确，检测所选用的计量器具是否正确，检测的环境条件是否满足标准要求，原始记录采集的数据精度是否与所用仪器设备的精度一致，信息和数据转录是否正确，检测结果计算是否正确，数据修约是否正确，给出的结论是否正确严谨，所检测项目或参数是否在资质范围内。

报告审核人要对委托单和原始记录信息的完整性、检测数据的正确性、信息和数据转录的正确性、结果计算的正确性、数据修约的正确性、评定依据的正确性、结论的正确严谨性和报告的合法性负责。

5）报告的签发环节

报告的签发是对出具的报告进行的第三级把关，也是最后一关。这一关的把关主要是防止第二级把关出现的疏漏，确保出具的报告无瑕疵，形成报告的证据链完整、正确无瑕疵。其审核的工作内容同报告审核环节。

报告签发人要对委托单和原始记录信息的完整性、检测数据的正确性、信息和数据转录的正确性、结果计算的正确性、数据修约的正确性、评定依据的正确性、结论的正确严谨性和报告的合法性负责。

3. 各环节的工作依据

（1）委托环节。行业的资质范围、资质认定（计量认证）证书附表、相关的标准规范、委托方提供的委托信息和接受的样品。

（2）检测环节。检测任务单或传递卡、相关的标准规范和/或作业指导书、检测的样品。

（3）出具报告环节。委托单、原始记录、相关的标准规范。

（4）审核环节。行业的资质范围、计量认证证书附表、委托单、原始记录、相关的标准规范。

（5）签发环节。行业的资质范围、计量认证证书附表、委托单、原始记录、相关的标准规范。

第三节　技术管理运行的证据

技术管理或者说技术活动的证据就是记录。

一、技术记录的要求

(一)《通用要求》的要求

(1)每项检验检测的记录应包含充分的信息,该检验检测在尽可能接近原始条件的情况下能够重复。

(2)记录应包括抽样人员、每项检验检测人员和结果校核人员的签字或等效标识。

(3)观察结果、数据应在产生时予以记录。不允许补记、追记、重抄。

(4)书面记录形成过程中如有错误,应采用杠改方式,并将改正后的数据填写在杠改处。实施记录改动的人员应在更改处签名或等效标识。

(5)所有记录的存放条件应有安全保护措施,对电子存储的记录也应采取与书面媒体同等措施,并加以保护及备份,防止未经授权的侵入及修改,以避免原始数据的丢失或改动。

(6)记录可存于不同媒体上,包括书面、电子和电磁。

(二) GB 50618—2011 的要求

(1)实验室检测原始记录应包含以下内容:试验名称、试样编号、委托合同编号,检测日期、检测开始时间及结束时间,使用的主要检测设备名称和编号,试样状态描述,检测的依据,检测环境记录数据(如果要求),检测数据或观察结果,计算公式、图表、计算结果(如果要求),检测方法要求记录的其他内容,检测人、复核人签名。

(2)现场工程实体检测原始记录应包括以下内容:委托单位名称、工程名称、工程地点;检测工程概况,检测鉴定种类及检测要求;委托合同编号;检测地点、检测部位;检测日期、检测开始时间及结束时间;使用的主要检测设备名称和编号;检测的依据;检测对象的描述;检测环境数据(如果要求);检测数据或观察结果;计算公式、图表、计算结果(如果要求);检测项目的主要分类检测数据和汇总结果;检测结果、检测结论;主要检测人、审核和批准人的签名;对见证检测项目,应有见证单位、见证人员姓名及证书编号;检测机构的名称、地址和通信信息;报告的编号和每页及总页数的标识。

二、人员的记录管理

(一) 人员档案管理

检验检测机构应对抽样、操作设备、检验检测、签发检验检测报告或证书以及提出意见和解释等工作的人员,在能力确认的基础上进行授权,建立并保留所有技术人员的档案。

人员档案应以纸质档案为主,在人员办理入职手续时正式建立,并确保一人一档,专人管档。

人员技术档案内容应包括:人员简介、学历证明、职称证书、资格证书、培训考核记录、监督记录、岗位确认书(含授权和能力确认日期)、劳动合同等。

人员档案实行动态管理,检验检测机构应对人员入职后的相关资料(如培训、能力确认、奖惩等)及时归档,并进行登记目录明细,确保人员档案的有效性和完整性。

纸质资料的保存,更多体现的是原始资料的管理,是员工在检验检测机构中工作的原始证明资料,必须加以妥善保管,不允许任何性质的损坏、修改和丢失。同时,作为员工私人信息,员工档案资料禁止不相干的人借阅或复制。

随着电子商务的普及,人员电子档案的建立,更有利于人员信息的查询和管理。

检验检测机构可以根据工作需要设置必要的人员电子档案信息。

(二)人员管理各项技术记录示例

1. 人员培训计划

【例3-4】 人员培训计划示例(见表3-4)。

表3-4　20××年度人员培训计划(××JC-JL-048-20××)

序号	培训时间	培训内容	培训地点	培训方式	授课人	参加人员	备注
1	20××-02-20	混凝土抗压试验	会议室	内培	×××		

2. 人员培训记录

【例 3-5】　人员培训记录示例(见表 3-5)。

表 3-5　人员培训记录(××JC-JL-049-20××)

培训主题	混凝土抗压试验	授课人	×××
培训地点	会议室	培训时间	20××-02-20
参加人员签到			
培训内容	一、方法依据 二、试件规格 三、试验设备 四、试验步骤 五、数据处理 六、结果评定 七、结果报告		
备注			

3. 人员能力确认

【例 3-6】　人员能力确认表示例(见表 3-6)。

表 3-6　人员能力确认表

姓名：　　　　　　　　　　　　　　　　　　　　　　　　　　　　　　第　页

序号	检测项目	培训内容	培训日期	结论	确认人	确认日期	备注
1	混凝土抗压强度	《普通混凝土力学性能试验方法标准》(GB/T 50081—2019)	20××-02-20	合格	×××	20××-02-27	

4. 人员监督计划

【例 3-7】　人员监督计划示例(见表 3-7)。

表 3-7　20××年度人员监督计划

序号	被监督人员	监督时间	备注
1	×××	2 月、5 月、8 月	

编制:　　　　　　　　　日期:　　　年　月　日

批准:　　　　　　　　　日期:　　　年　月　日

5. 人员监督记录

【例 3-8】　人员监督记录示例(见表 3-8)。

表 3-8　2020 年监督记录

被监督人		×××		监督时间	×××
检测项目		钢筋机械连接			
上岗证		☑有□无	操作情况		☑熟练□一般□不熟练
仪器设备	名称、型号		600 kN 液压式万能试验机		
	标定状态及标识		☑合格(绿色)□准用(黄色)□停用(红色)		
	选用量程范围		0~600 kN　☑符合□不符合		
	设备使用记录	☑有□无	设备运转状态		☑正常□异常
样品	规格型号	HRB400E22	唯一性标识		☑有□无
	样品状态	符合要求			
检测方法	选用标准		☑正确□不正确		
	操作方法		☑正确□不正确□欠完善		

续表 3-8

环境条件	控制设施是否运行	☑运行□不运行		
	温度 18 ℃	☑符合□不符合	湿度　　%	□符合□不符合
记录	信息	☑完整□不完整	填写	☑规范□不规范
	更改	□规范□不规范	签字	☑有□无
监督发现 问题				
被监督人 确认				
预防纠正 措施				
备注	严格按照规范操作,环境温度符合要求			

监督员：×××

三、仪器设备的记录管理

(一)设备的档案管理

检测设备是实现检测的技术手段,是检测仪器、检测标准、参考物质、辅助设备,以及进行检测所必需的资料总称。包括系统、器具、元件、材料等。它的正确选择与装备、使用与维护,不仅直接影响检测机构的运行成本(占检测机构有形资产的相当份额),而且关系到检测数据的质量(可靠性、准确性),关系到检测数据的互认。

仪器设备管理就是利用有效的管理措施,做好仪器设备的管理、维护和保养,贯彻预防为主,维护保养和合理使用并重的方针,充分发挥其功效。

(1)为方便查找,设备分类管理,尽量一台设备建立一个档案。

(2)每一个档案应附一份档案内的资料清单,如在档案内增加资料,清单也应及时更新(如检定或校准证书、维护保养计划和记录等)。

(3)对于小型、数量较多的同类设备,多个可以建立一个档案,但应标识清楚设备与资料对应(如回弹仪等)。

(二)仪器设备管理各项技术记录示例

1.仪器设备的计量溯源

【例3-9】　仪器设备检定/校准计划示例(见表3-9)。

表 3-9　仪器设备检定/校准计划表（××JC–JL–085–20××）

共　页　第　页

管理编号	仪器设备名称	规格型号	出厂编号	生产厂家	上次检定/校准时间	计划检定/校准时间	检定周期	备注
0063	600 kN 万能试验机	WE600	20110017	济南试金	20××-06-22	20××-06-20	1 年	

编制：×××　　　　　　校核：×××　　　　　　批准：×××

2.仪器设备的保养维护使用记录

【例3-10】　仪器设备维护保养计划示例(见表3-10)。

表 3-10　设备维护保养计划(××JC-JL-074-20××)

20××年度　　　　　　　　　　　　　　　　　　　　　　第1页　共1页

仪器设备名称	计划维护保养计划		
WE-1000 万能机	3 月中旬	7 月中旬	10 月中旬
WE-600 万能机	3 月中旬	7 月中旬	10 月中旬
YE-2000C 万能机	3 月中旬	7 月中旬	10 月中旬
平板导热系数测控仪	3 月中旬	7 月中旬	10 月中旬
×××	×××	×××	×××
×××	×××	×××	×××

编制:×××　　　　　批准:×××　　　　　　　　日期:20××年2月7日

四、场所环境的记录管理

(一)场所环境的记录要求

场所满足要求指检验检测机构的固定场所、临时场所、可移动场所、多个地点的场所(多场所)满足相关法律法规、标准或技术规范的要求,并与资质认定(计量认证)证书参数相一致。

所谓环境记录,是指显示遵照环境系统而实施的活动或已达成的结果的客观证据,证明环境条件能满足标准规范要求。

(1)记录环境条件时不得使用铅笔,需用不容易褪色、不容易擦除的碳素水笔记录。记录一定要以实现目的为原则,既不能烦琐也不能实现不了目的。

(2)对检测过程持续时间较长的,记录就要能够证明在整个过程中环境条件都是持续满足标准规范要求的。

例如水泥的养护。水泥成型后脱模前要在标准养护箱里养护24 h,脱模后要在水中养护27 d。我们如何来证明在养护箱和在水中养护时是持续满足标准要求的呢? 显然,单在检测原始记录上记上一次温湿度是不能证明的。所以,就必须针对养护箱和养护水单独建立一个监测记录。对养护箱、养护水采取自动控制措施的,可以每天最少记录两次以证明其持续符合标准要求。如果每天记录的两次结果波动较大,应适当增加记录次数。

(3)对检测过程持续时间不长的,在原始记录上记录环境条件就能够证明在整个过程中环境条件都是持续满足标准规范要求的,则就可以不要单独环境条件监测记录。

如钢筋抗拉试验持续时间只有几分钟乃至十几分钟,检验检测机构温度调整到标准要求后进行试验,在整个过程中温度变化不会太大,不会对检测结果造成影响。所以,在检测原始记录上记录检测时的环境温度即可证明检测过程是满足标准规范要求的。

(4)检验检测机构在固定以外的场所进行的抽样和检测活动时,如果检测方法和技术规范对环境条件有要求,在检测时要监测环境条件并在原始记录上予以记录。

(5)当检测的环境条件不能满足标准规范要求时,应立即停止检测活动,并按相关要求进行处置。

(二)场所环境管理各项技术记录示例

【例3-11】　环境设施条件要求示例(见表3-11)。

表3-11　环境设施条件要求一览表(××JC-JL-057-20××)

第　页　共　页

序号	检测室	温度	相对湿度	气压	防震防干扰要求	噪声控制要求	其他要求
1	水泥成型室	(20±2)℃	50%以上	—	—	—	—

编制:×××　　　　　　批准:×××　　　　　　日期:20××年2月7日

五、检测方法的记录管理

(一)标准方法的查新

检验检测机构应跟踪方法的变化,对检验检测机构使用的标准,定期进行清理和查新,检验检测机构应确保使用标准为最新有效版本。可通过网络查询在用标准的现行有效性。

与检验检测工作有关的标准、手册、指导书等都应现行有效并便于检验检测人员使用。对于现行有效的标准版本,要受控发放;对于已作废的标准,要加盖作废标识并撤离检测现场,以免误用。

在标准文件查新、更新工作中,各相关部门要配合和协助质量管理部门跟踪查新、更新工作,质量管理部门要定期发放更新信息,并将查新内容汇总及做好保留查新、更新工作记录。

(二)检测方法管理的各项技术记录示例

【例3-12】　标准查新有效性确认示例(见表3-12)。

表3-12　标准查新有效性确认表

序号	原标准编号	标准名称	标准状态	新标准编号	标准名称	实施日期	状态	备注
1	GB/T 9779—2005	复层建筑涂料	现行	GB/T 9779—2015	复层建筑涂料	2016-08-01	即将实施	

查新人:×××　　　　　　查新途径:×××　　　　　　查新日期:　年　月　日

六、合同与合同评审的记录管理

(一)检验检测合同示例

【例3-13】　检验检测委托单示例(见表3-13)。

表3-13　检验检测委托单(××JC-JL-090-20××)

委托单编号：

委托单位名称			监督注册号	
工程名称			单位工程号	
检测项目(产品)		组数	检验性质	
委托检验参数				
检验依据				
样品状态	试样条件符合试验要求/需要说明	样品包封装	完好	
样品处理意见	委托你中心处理/委托方自行取回	样品附件		
检测有无偏离	无/有	偏离说明		
报告要求	报告2/3/4( )份,(不)需要阶段。报告交付方式为:自取/邮寄/传真/电子邮件。　报告交付时间:按双方常规约定/协议签署后　工作日即(年 月 日)前。			
见证取样详细信息	见证员姓名		见证单位	
	见证员证号		送样人姓名	送样员证号

委托方声明:我方保证对所提供的一切资料、实物的真实性负责,并积极合作,同意并遵守双方协议。

委托方签字:　　　　　　　　见证方签字:

联系电话:　　　　　　联系电话:　　　　委托日期:　　年　月　日

检测机构声明:本检测机构保证检验的公正性,对检测数据负责,并对委托单位所提供的实物和技术资料保密,所有能力和资源满足检验要求,同意并遵守双方协议。

委托受理人:　　　　　　　　受理委托日期:　　年　月　日

地址:郑州市××路××#　邮编:450003　　电话:0371—×××××××　传真:0371—×××××××

样品详细信息及委托详细要求

(可另附页说明)

——————————————裁剪线——————————————

××××××检测有限公司取报告凭证

委托单号		委托日期		委托受理人
委托单位		单位工程编号		
检测项目		数量		(签字)

(二)合同评审示例

【例 3-14】 合同评审示例(见表 3-14)。

表 3-14 合同评审表

编号： 评审日期：

委托单位			
工程名称			
合同名称		□集中评审委托编号	
联系人及电话		合同金额/元	
合同项目采用的检测方法			
评审内容	评审结果	评审内容摘要	
合同内容是否明确	明确□ 不明确□		
履约能力是否满足	满足□ 不满足□		
资源配置是否满足	满足□ 不满足□		
人员配置是否满足	满足□ 不满足□		
是否需要进行分包	是□ 否□		
其他			
评审次数	首次□ 修改过合同□	修改是否与客户进行过沟通：	
修改内容		是□ 否□	
评审结论			
评审负责人(签字)		年 月 日	
参加部门	评审人员	参加部门	评审人员

七、服务、供应品采购与分包的记录管理

(一)供应品采购的记录示例

【例 3-15】 供应品采购计划示例(见表 3-15)。

表 3-15 供应品采购计划表

序号	供应品名称	规格	单位	数量
1	恒流大气采样器	GS-H2	台	4

编制：××× 批准：××× 日期：×××

(二)检定和校准服务记录示例

【例3-16】 检定和校准服务供应商评价示例(见表3-16)。

表3-16 检定和校准服务供应商评价表

第 页 共 页

服务商名称			
地址		联系电话	
评价部门/评价人		评价日期	
资质情况	是否具备计量检定/校准机构的法律资质文件		是☐ 否☐
	本单位计量检定的仪器设备是否在其计量检定范围之内		是☐ 否☐
	其他须说明的情况:		
价格情况	价格与其他计量检定机构相比是否合理		是☐ 否☐
服务态度与信誉情况	是否服务热情,按时计量检定		是☐ 否☐
	是否及时与客户联系,收集意见和建议,保证满足客户要求		是☐ 否☐
证明材料	计量检定/校准机构的证书及能力范围(附表)		
审批意见	综合部主任:		技术负责人:

年 月 日

(三)分包相关记录示例

【例3-17】 ××检测检验有限公司分包方能力评审(见表3-17)。

表3-17 ××检测检验有限公司分包方能力评审表

第 页 共 页

分包方名称		电话	
分包方地址		邮编	
拟分包的检测项目(参数)	有能力的分包参数:		
	无能力的分包参数:		
评审内容		评审结果	
法人代表			
资质认定或实验室认可情况	☐通过国家实验室认可 ☐通过省级以上计量行政主管部门的资质认定		
行业资质证书情况			
检测设备和场所是否满足			
检测人员是否持证上岗			
履行合同的能力情况			
结论: 评审人: 年 月 日		审核意见: 技术负责人: 年 月 日	

八、抽样与样品管理的记录管理

(一)抽样相关记录示例

【例 3-18】 抽样记录示例(见表 3-18)。

表 3-18 ××检测检验有限公司抽样记录

编号: 　　　　　　　　　　　　　　　　　　　　　　　　　　第 页 共 页

抽样时间	20××年 6 月 21 日 9 时 20 分				
抽样地点	×××				
抽样单位	××检测检验有限公司				
委托单位	××监督站				
抽样物品名称	钢筋原材	代表批量		40 t	
规格(型号)	HRB400 直径 22	批号		×××	
执行标准	GB/T 1499.2—2018	保质期		—	
抽样方式	随机	抽取样品数量		5 长 2 短	
抽样情况及样品加封情况:抽取 5 根 510 mm,2 根 360 mm。					
备注					
抽样人(签名或者盖章):×××　　　　20××年 6 月 21 日 委托单位代表(签名或者盖章):×××　　20××年 6 月 21 日 见证人(签名或者盖章):×××　　　　20××年 6 月 21 日					

注:(1)编号——根据程序文件编写;

(2)抽样记录的基本信息——时间、地点、抽样单位、被抽样单位、规格(型号)等;

(3)抽样情况——抽样方式的过程及抽样时发生的问题;

(4)样品加封情况——密封采取的方式、封条上填写的信息等内容;

(5)备注——需要加以说明的步骤或内容。

抽样是为了使样品具有真实性和代表性,抽样检测有一定风险,所以在抽样过程中要对有关因素进行控制,应做抽样记录,记录内容应清晰、明确、具体。记录应包括所用的抽样依据、抽样方法、抽样人的识别(被抽样单位的在场人员也应确认和签字)、如样品对环境条件有要求也应做好抽样环境的记录,封样的部位、数量、方法等,以确保检测结果的有效。

(二)样品管理相关记录示例

【例 3-19】 样品留样处置记录示例(见表 3-19)。

表 3-19 ××检测检验有限公司样品留样、销毁登记表

　　　　　　　　　　　　　　　　　　　　　　　　　　　　第 页 共 页

入库时间	委托编号	密码编号	样品名称	样品管理员	销毁日期	批准人	经办人
20××-01-02	20××0001	SN20070001	水泥	王××	20××-04-05	张××	赵××
		SN20070001	水泥	王××	20××-04-05	张××	赵××

第四节　技术管理的运行检查

检验检测机构技术管理中对技术运作的监控和检查主要通过质量控制与监督来进行,而技术负责人是这一活动的主要发起人和掌控人。

一、结果有效性

(一)监控结果有效性依据

《通用要求》第4.5.19条规定:检验检测机构应建立和保持监控结果有效性程序,定期参加能力验证或机构之间比对。通过分析监控结果有效性程序的数据,当发现偏离预先判据时,应采取有计划的措施来纠正出现的问题,防止出现错误的结果。监控结果有效性应有适当的方法和计划并加以评价。它主要包括以下几个方面的内容:

(1)检验检测机构应制定质量控制程序,明确检验检测过程控制要求,覆盖资质认定范围内的全部检验检测项目类别,有效监控检验检测结果的稳定性和准确性。

(2)检验检测机构应分析监控结果有效性程序的数据,当发现监控结果有效性程序数据超出预先确定的判据时,应采取有计划的措施来纠正出现的问题,并防止报告错误的结果。

(3)检验检测机构应建立和有效实施能力验证或者检验检测机构之间比对程序,如通过能力验证或者机构之间比对发现某项检验检测结果不理想,应系统地分析原因,采取适宜的纠正措施,并通过试验来验证其有效性。

(4)检验检测机构应参加资质认定部门所要求的能力验证或者检验检测机构之间比对活动。

(二)质量控制的方法

检验检测机构可以通过各种途径和方法来对其检测质量进行验证和控制,目前较常用的方法有以下几种:

(1)使用有证标准物质(参考物质)进行监控和使用次级标准物质(参考物质)开展内部质量控制。

该方法就是机构通过对有证的标准物质(盲样)进行检测,把检测结果与证书给出的结果进行比较分析,查看检测结果与赋予值的一致程度。如果一致或满意,说明该项目的检测结果质量是可靠的;否则就要查找影响检测结果的原因,制订纠正措施,消除影响因素,确保检测能力持续保持。

(2)参加检测机构之间的比对或能力验证。

如果该项目或参数没有有证标准物质来进行检测(比如压力机和万能试验机),则可以通过与指定的检测机构或自己认为能力比较好的检测机构进行机构间比对或参加机构组织的能力验证。分析比对结果,比对结果满意的说明该项目的检测结果质量是可靠的;否则就要查找影响检测结果的原因,制订纠正措施,消除影响因素,确保检测能力持续保持。

（3）使用相同或不同方法进行重复检测。

使用相同方法进行复检可以是相同人员使用不同仪器进行复检，也可以是不同人员使用相同仪器进行复检，但其依据的方法标准是一样的。

使用不同方法进行复检就是同一个参数使用不同的检测方法进行检测，但前提是该方法必须是标准规定的或通过检验检测机构确认的方法才可以使用。

（4）对留存样品进行再检测。

当对留存样品再检测时，保留样品应在样品有效期内，并确认样品的理化特性没有发生变化。对保留样品的再检测，其检测条件应尽量追溯到前次检测过程的条件。若两次测量结果之差的绝对值小于或等于其测量不确定度，则说明检测机构该项目的检测能力持续有效；反之应采取纠正措施，必要时追溯前期的检测结果。

（5）分析一个物品不同特性结果的相关性。

检测样品所进行的检测参数有一定的相关性，某一参数的值达到一定的量，则另一参数的值相应地应该达到一定的量（不一定是成比例的）。例如，钢材拉伸和屈服强度较高时，其伸长率不可能很高；样品中三氧化硫含量总是小于总含硫量；钢材的碳含量在高限时其强度应该较高。在一定周期内（半年或一年）可按一定的量对这些具有相关性的参数进行统计分析。

从这些方法的性质可以看出，第二种方法（比对或能力验证）是外部质量控制方法，其余皆为内部质量控制方法。

（三）监控结果有效性的实施

检验检测机构质量控制的目的是检查验证机构日常检测中所出具数据结果的准确性，所以在实施质量控制计划时不要刻意安排技术能力强的人员来进行实施，否则不能代表平时的能力，也就失去了控制的意义。在实施计划时不要刻意对设备、环境条件进行特殊的控制，目的就是要能够真实地反映机构平时检测的能力。在实施质量控制时要注意以下几个方面。

1. 质量控制项目的确定

检验检测机构是不是要针对其能力范围内的所有检测项目或参数进行检测结果的质量控制呢？针对检测项目或参数比较多的检测机构，显然这是不可能的也是不经济的。

质量控制项目的确定原则是应覆盖检测机构"重要"和"风险高"的检测项目。一般应考虑以下因素：

（1）在内部审核和客户投诉时，出问题概率较大的项目。

（2）新开展的项目。

（3）对建设工程质量影响较大的项目。

（4）检测机构检测批次量非常大的项目。

（5）检测方法不完善，容易出现检测结果不稳定的项目。

（6）检测过程的输入易波动的项目，如设备波动性强、检测环境不易控制和人员熟悉程度不够等。

2. 监控结果有效性的年度计划

监控的频次，应结合检测机构往年的检测结果的准确程度，结合检测结果的变化趋

势,同时考虑成本和检测机构风险与给客户带来风险的平衡,下述情况下应增加监控的频次:

(1)当检测机构统计的检测结果持续单方向变化时。

(2)检测机构设施与环境条件变化较大时。

(3)测量设备使用环境较为恶劣时。

(4)测量设备发生变化,如修理、更新时。

(5)检测人员新上岗或转岗时。

(6)检测的规程、规范、标准发生变化时,如修订、改版时。

每年初或上年底,检测机构根据自己的实际情况制订本年度的质量控制计划。计划应列明针对的项目或参数,采用的控制方法,实施的时间等内容。计划要有编制人员、审核人员和批准人员的签字。

【例 3-20】　质量控制计划示例(见表 3-20)。

表 3-20　监控结果有效性计划表(××JC-JL-096-20××)

第 1 页共 1 页

序号	质量控制项目	质量控制方法	组织部门	计划参加部门/人员	计划实施日期	备注
1	钢筋拉伸	留样再测	技术室	检测一室 张×× 李×× 王×	20××年 1 月	
2	钢筋机械连接	与其他实验室比对	技术室	检测一室 孙×× 赵× 周×	20××年 4 月	
3	水泥	能力验证	省技术监督局	检测二室 袁× 范×× 刘××	20××年 6 月	
4	金属拉伸	能力验证	CNAS	检测一室 张×× 李×× 王×	20××年 8 月	
5	水泥	分析水泥细度与水泥 3 天强度结果的相关性	技术室	检测二室 袁× 范×× 刘××	20××年 10 月	
6	⋮	⋮				
7						
8						

编制:　　　　　　　　　审核:　　　　　　　　　批准:

　　　　年 月 日　　　　　　　年 月 日　　　　　　　年 月 日

(四) 监控结果有效性的评价

1. 使用标准物质进行质量控制的评价

利用有证标准物质进行质量控制,相当于盲样试验,即将有证标准物质作为盲样进行检测,其测试结果与标准物质提供了已知的量值进行比较,采用 E_n 值判定:

$$E_n = \frac{x_u - x_{RM}}{\sqrt{U_u^2 + U_{RM}^2}}$$

式中,x_u 为检测机构测量得到的有证标准物质的量值;x_{RM} 为标准物质证书给出的值;U_u 为测量结果 x_u 的扩展不确定度;U_{RM} 为有证标准物质量值 x_{RM} 的扩展不确定度。

接受准则:$E_n \leqslant 0.7$,表明测量结果满意,可以接受。

临界预防准则:$0.7 < E_n < 1$,表明测量结果接近临界,基本满意,必须查找原因并采取适当应对风险和机遇的措施。

拒绝准则:$E_n \geqslant 1$,表明测量结果不满意,必须查找原因并迅速采取纠正措施。

2. 参加检测机构间的比对或能力验证

(1)参加指定机构间比对的评定方法:

$$E_n = \frac{|X_L - X_R|}{\sqrt{U_L^2 + U_R^2}}$$

式中,X_L 为本机构测量值;X_R 为指定机构测量值;U_L 为本机构的测量结果不确定度(置信水平 95%);U_R 为指定机构的测量结果不确定度(置信水平 95%)。

(2)参加非指定机构间比对,比对双方的测量不确定度相同或基本相同,设比对双方的不确定度均为 U,这时如只找到一个机构进行对比,则:

$$E_n = \frac{|Y_L - Y_R|}{\sqrt{2}\,U}$$

式中,Y_L 为本机构测量值;Y_R 为另一机构测量值。

【例 3-21】 两个检验检测机构比对结果处理示例。

(1)水泥胶砂强度的比对试验,本机构的测试结果为 33.8 MPa,中距实验室测试结果为 33.5 MPa,比对双方的不确定度为 5%,则:

$$U = 5\% \times (33.8 + 33.5)/2 = 1.68$$

$$E_n = \frac{|Y_L - Y_R|}{\sqrt{2}\,U} = \frac{|33.8 - 33.5|}{\sqrt{2} \times 1.68} = 0.13 \leqslant 0.7$$

测量结果满意,可以接受。

(2)水泥胶砂强度的比对试验,本机构的测试结果为 33.8 MPa,中距实验室测试结果为 33.5 MPa,比对双方恒应力压力试验机的允许误差为 1%,则:

$$U = 2 \times \left(\frac{\Delta}{\sqrt{3}}\right) \times (33.8 + 33.5)/2 = 2 \times \left(\frac{0.01}{\sqrt{3}}\right) \times 33.65 = 0.389$$

$$E_n = \frac{|Y_L - Y_R|}{\sqrt{2}\,U} = \frac{|33.8 - 33.5|}{\sqrt{2} \times 0.389} = 0.55 \leqslant 0.7$$

测量结果满意,可以接受。

如找到了多个检验检测机构参加比对，则：

$$E_n = \frac{|Y_L - \overline{Y_R}|}{\sqrt{\dfrac{n}{n-1}} U}$$

式中，$\overline{Y_R}$ 为多个机构测量值(包括本机构的测量值)的平均值；n 为包括本机构在内的参加机构的个数。

如参加比对的机构给不出测量结果不确定度，只能给出测量仪器的最大允许误差(测量仪器经检定合格的准确度指标)而且其最大允许误差相同或基本相同(设为±Δ)，这时上述公式中的 U 可以用 $2(\Delta/\sqrt{3})$ 代替。

【例3-22】　多个检验检测机构比对结果处理示例。

(1)水泥胶砂强度的比对试验，本机构的测试结果为 33.8 MPa，其他机构的测量结果为 33.5 MPa、、33.6 MPa、33.7 MPa、32.6 MPa、32.9 MPa、33.0 MPa、32.4 MPa、33.3 MPa、32.5 MPa，比对机构间的不确定度为5%，则：

$$\overline{Y_R} = (33.8 + 33.5 + 33.6 + 33.7 + 32.6 + 32.9 + 33.0 + 32.4 + 33.3 + 32.5)/10$$
$$= 33.1$$

$$U = 5\% \times 33.1 = 1.66$$

$$E_n = \frac{|Y_L - \overline{Y_R}|}{\sqrt{\dfrac{n}{n-1}} U} = \frac{|33.8 - 33.1|}{\sqrt{\dfrac{10}{10-1}} \times 1.66} = 0.40 \leqslant 0.7$$

测量结果满意，可以接受。

(2)水泥胶砂强度的比对试验，本机构的测试结果为 33.8 MPa，其他机构的测量结果为 33.5 MPa、33.6 MPa、33.7 MPa、32.6 MPa、32.9 MPa、33.0 MPa、32.4 MPa、33.3 MPa、32.5 MPa，机构间的恒应力压力试验机的允许误差为 1%，则：

$$\overline{Y_R} = (33.8 + 33.5 + 33.6 + 33.7 + 32.6 + 32.9 + 33.0 + 32.4 + 33.3 + 32.5)/10$$
$$= 33.1$$

$$U = 2 \times \left(\frac{\Delta}{\sqrt{3}}\right) \times 33.1 = 2 \times \left(\frac{0.01}{\sqrt{3}}\right) \times 33.1 = 0.382$$

$$E_n = \frac{|Y_L - \overline{Y_R}|}{\sqrt{\dfrac{n}{n-1}} U} = \frac{|33.8 - 33.1|}{\sqrt{\dfrac{10}{10-1}} \times 0.382} = 1.74 \geqslant 0.7$$

测量结果不满意，必须查找原因。

接受准则：$E_n \leqslant 0.7$，表明测量结果满意，可以接受。

临界预防准则：$0.7 < E_n < 1$，表明测量结果接近临界，基本满意，必须查找原因并采取适当应对风险和机遇的措施。

拒绝准则：$E_n \geqslant 1$，表明测量结果不满意，必须查找原因并迅速采取纠正措施。

（3）本机构不同人员之间或留样再试的比对试验，则：

$$E_n = \frac{|X_1 - X_2|}{\sqrt{2}\,U}$$

式中，X_1 为第一组人员的测量值；X_2 为第二组人员的测量值。

如本机构不同人员之间或留样再试的比对试验给不出测量结果不确定度，只能给出测量仪器的最大允许误差（测量仪器经检定合格的准确度指标），而且其最大允许误差相同或基本相同（设为$\pm\Delta$），这时上述公式中的 U 可以用 $2(\Delta/\sqrt{3})$ 代替。

接受准则：$E_n \leqslant 0.7$，表明测量结果满意，可以接受。

临界预防准则：$0.7 < E_n < 1$，表明测量结果接近临界，基本满意，必须查找原因并采取适当应对风险和机遇的措施。

拒绝准则：$E_n \geqslant 1$，表明测量结果不满意，必须查找原因并迅速采取纠正措施。

（4）当产品标准或试验方法标准由规定人员之间或机构间的试验允差值时，设标准规定的允差值为 W，则：

$$E_n = \frac{|X_L - X_R|}{W}$$

接受准则：$E_n \leqslant 0.7$，表明测量结果满意，可以接受。

临界预防准则：$0.7 < E_n < 1$，表明测量结果接近临界，基本满意，必须查找原因并采取适当应对风险和机遇的措施。

拒绝准则：$E_n \geqslant 1$，表明测量结果不满意，必须查找原因并迅速采取纠正措施。

其中临界预防准则下限 0.7 的设定应根据不同检测机构和不同设备情况而定。其选择需综合考虑资源投入与所承担的风险。

当检验检测机构检测结果已不满意或已接近不满意时，检验检测机构应停止相应的检测工作，对造成不满意或接近不满意的原因进行分析、评价，采取相应的纠正措施或应对风险和机遇的措施，以确保检验检测机构提供给客户的数据准确、可靠。当表明检验检测机构检测结果已不满意时，检验检测机构还应对以往的检测结果对客户所造成的影响或伤害进行分析、评价，必要时应对以往的结果进行追溯，并告知相关客户，停止使用检测结果，采取有关措施，避免造成客户的损失。

二、监督

（一）监督的概念

监督的含义是为了确保满足规定的要求，对实体状况进行连续的监视和验证并对记录进行分析。这里的"实体"是指可单独描述和研究的事物，可以是活动或过程、产品、组织、体系或人等各项的组合，"连续的"一词是指持续的或一定频次的，"验证"是指通过提供客观证据对规定要求已满足的认定。在检验检测机构的日常管理运行中，活动常常脱离相关程序文件的规定，造成了程序文件"模板化"和"形式化"，不利于质量管理体系在检验检测机构的有效实施，更难以保证检测结果的正确、可靠。监督可以使程序文件较好地在检验检测机构运行中发挥其应有的作用，指导控制检验检测机构的全部过程，是实施质量管理的重要手段。《通用要求》第4.2.5条要求:"应由熟悉检验检测目的、程序、方法和结果评价的人员,对检验检测人员包括实习员工进行监督。"检验检测机构应当设立监督人员,并在管理体系文件中规定监督人员的职责、工作要求和程序、实施监督的证实性记录和结果,以及在监督工作中发现的"不符合"工作的处理意见等。监督工作是保证检测工作质量的重要方式,监督人员应当认真履行职责,及时发现存在的问题,保证最终结果的质量。

监督的目的是确保满足规定(法律法规、标准、管理体系、合同等)要求。监督的侧重点是检测人员的技术能力(初始能力和持续能力),包括设备的操作能力、检测的标准方法的使用能力、识别环境条件和设施的能力、样品识别、标识及样品制备的能力、数据处理能力等。确保检测人员能力满足规定要求的最终目的是确保检验检测机构产品(数据和结果)满足规定要求。检验检测机构的监督不仅监督有没有"不符合项",对发现的不合格采取纠正措施或应对风险和机遇的措施,而且对于合格的方面也应寻求改进的机会。

检验检测机构的监督员由熟悉各项检测方法、程序、目的和结果评价的人员担任,应能够胜任监督工作的需要,并由检验检测机构最高管理者予以任命。监督的重点是检测的现场和操作过程、关键的环节、主要的步骤、重要的检测任务以及新上岗的人员;在监督过程中发现检测工作发生偏离,影响检测数据和结果时,监督人员应当令其中止检测工作。发现不符合项时,采取纠正措施、应对风险和机遇的措施及改进。

监督是一项技术性管理工作。只有监督到位,检测质量才能到位,质量体系才能持续有效运转。各专业应设2名或以上监督员,把监督作为日常工作的一部分,主要围绕着从以下7方面开展日常监督:

(1)对检测人员进行监督。检测人员应经过培训持证上岗。在质量管理的工作实践中不断提高检测人员的综合素质。

(2)对开展工作所依据的技术规范、国家标准及相关的作业指导书进行监督。主要是监督所用的技术依据是否现行有效并受控。

(3)对用于完成检测工作的仪器设备进行监督。监督范围包括:①所用设备功能是否正常;②是否在有效的检定周期内;③是否定期进行维护和保养;④有无完整的档案和使用、维修记录。

(4)对环境条件的控制措施和控制结果进行监督。环境条件是保证检测质量的重要外部因素,要保证不同的检测项目对环境条件的特殊要求。

(5)对检测的全过程进行监督。监督员要根据实际情况对检测的各个环节进行全过程(抽样、制样、检测、记录等)监督。

(6)对检测报告进行监督。监督员要对检测报告数据与原始记录数据的一致性、计算数据的正确性等进行监督。

(7)对检测结果的质量进行核查。当发现检测结果有误或有潜在的产生质量问题的倾向时,应立即采取纠正措施或应对风险和机遇的措施。

检验检测机构监督类别分常规监督、特殊监督,监督方式分静态监督和动态监督。

常规监督如新人员(在培人员、新上岗人员等)、新项目(新扩项的项目)、新设备(新进设备初期使用阶段)、新标准(包括标准变更后)、安全防护等。特殊监督如客户有特殊要求时、比对试验时、临界状态时、质量仲裁或质量鉴定时等。

静态监督指预先告知的监督,一般用于特殊监督的项目。动态监督指预先不通知,监督人员根据具体情况安排的监督,一般用于常规监督项目,监督包括检测的各个环节:抽样或送样、样品接收、样品标识、样品制备、检测操作、原始记录、记录核查、数据和结果报告。

(二)监督过程

为使监督活动正常地、有效地开展,检验检测机构应组建一支合格的监督员队伍,建立监督小组。质量负责人负责监督的总体策划和领导,监督员应该掌握管理体系文件、《通用要求》,熟悉各项检测方法、程序、目的和结果评价,熟悉本岗位的业务知识,能敏锐地发现检测操作过程和质量管理中存在的问题。监督人员数量的确定,应以能够覆盖检验检测机构所开展的检测项目为准,根据检测工作涉及的专业技术领域考虑,满足工作需要即可,不同的专业技术领域应设置不同的监督人员。监督员一般占专业技术岗位人员数量的20%左右。如金属材料检测室,当检测工作涉及化学分析、物理性能时,应按其工作岗位分别设置监督员。检验检测机构需对监督员进行必要的培训、考核和资格能力确认,由检验检测机构主任对监督员进行任命。

监督员有以下职责:

(1)按照监督计划的要求和监督控制程序的规定,采用定期或不定期的方式对检测现场的操作过程、关键环节、主要步骤以及检测记录和报告质量进行监督。

(2)对重要检测项目或新开展项目实施全过程监督控制,对新上岗人员和正在培训中的人员进行重点监控。

(3)当发现检测工作发生偏离,影响检测数据和结果时,有权令其停止检测工作;对可能存在质量问题的检测结果有权要求进行复检或重新检测,按《不符合工作的控制程序》进行处置。

(4)认真做好监督记录,提出监督意见;及时向技术负责人报告监督过程中发现的问题。

由于监督工作比较难以量化,为使检验检测机构的监督工作程序化、规范化,就需要对工作不断地总结和细化,使检验检测机构监督成为有计划的活动,这样才能保证有效监督和持续改进。检验检测机构每年制订详细的年度监督计划,明确每个单位(部门)的监督重点,确定监督内容、方式、要求等。监督计划由各检测室提出,可根据上一年度质量体系运行情况、内外部审核、能力验证或检测过程中存在的问题,或者检验检测机构特定事项,有针对性地对部分检测项目、过程进行监督,但同时又要涉及检测工作的各个环节,确保重点性、代表性和全面性,各监督员可根据自身监督的领域特点对检验检测机构年度监督工作计划进行细化,确保可操作性。监督计划包括:监督项目、监督内容、监督方法、监督实施日期、被监督的人员等。主管部门编制年度监督计划,由质量负责人批准。

质量负责人负责组织开展检测监督工作,监督主要针对检测现场和操作过程、关键环节、主要步骤实施重点监督。监督员在实施监督时可以采用观察、监控、核查、分析、复检、比对、提问等多种方法,对检测人员进行的检测活动过程进行持续的或一定频次的监督,并将监督情况做必要的记录,填写"监督记录表"。监督员的监督工作包括从接收样品(若抽样则从确定抽样方案)开始,直至检测结束的全过程。监督内容:检测设备与仪器状态、环境条件、检测和/或校准的关键环节、检测数据准确性和报告的规范性等;尤其注意重要检测项目、新开展项目、新标准的实施及新上岗人员的监督。对检测过程经常或反复出现的问题,监督员应加大监督力度。

监督员监督内容如下所述。

(1)检测开始前:

①抽样方案是否合理(对参与抽样的检测项目)。

②样品交接手续是否完备,样品规格、性状是否符合要求,样品处置是否恰当,样品标识是否清楚、正确。

③检测规程/方法、作业指导书等选择是否正确、有效、全面。

④仪器设备的状态标识是否正确,是否在有效期内,是否填写"仪器设备使用履历记载簿"或"现场仪器设备出入库登记表",检测前是否进行了检查。

⑤环境条件是否适宜,对检测结果有影响的因素是否已得到控制。

⑥检测记录表是否已准备就绪,记录表的信息量是否足够并已准确填写。

(2)检测过程:

①检测的操作是否符合操作标准。

②必要的环境参数是否有效控制、正确记录。

③读数和记录是否正确,记录的填写和更改是否符合规定。

④检测数据的计算和数据处理是否符合规定,结果判断是否合理。

(3)检测结束前:

①规定的项目(或参数)是否都进行了检测。

②需要做结论判断的项目是否均已做了结论判断。

③检测结束时,控制的环境参数等影响因素是否仍处于规定的控制范围内。

④仪器设备是否仍然正常。

⑤原始记录规定填写的内容是否均已填写清楚,记录和样品是否具有可靠的追溯性。

(4)检测报告编写:

①检测报告编写的格式是否符合规定,是否正确使用法定计量单位。

②检测报告的内容、结论和原始记录是否吻合。

当监督员在监督过程中发现有不符合项,监督员有权命令检测人员暂停检测工作。对任何不符合检测方法、标准的工作程序,以及检测数据和结果不能正确、全面地反映检测实际情况时,监督员有权干预,并责令具体检测人员重新或补充检测工作,当发现检测工作发生严重偏离,影响检测数据和结果时,监督员应当令其中止检测工作,必要时应对之前的检测结果进行追溯。若偏离原因是要素存在缺陷,质量负责人可增加一次相应部分的内部审核。检测人员应纠正存在的问题,无法纠正或问题比较大的,监督员应将情况记录下来,报告质量负责人。监督员有权制止有违真实性、公正性、有效性、正确性的任何操作活动。

监督活动完成后,监督员对监督中发现的问题进行统计、分析总结,各专业负责人负责本室监督活动的总结,确保监督结果的有效性和可靠性。

监督的有效性评价有以下四点:

(1)监督员是否能够验证检测结果的可靠性。

(2)监督中发现的不符合项是否及时采取措施处理,措施是否有效。

(3)前期监督中发现的不符合项,是否在监督中再次发生。

(4)监督中发现的不符合项,在体系运行、技术运作中是否发生。

质量负责人组织质量小组根据《不符合检测工作控制程序》《纠正措施管理程序》和《应对风险和机遇的措施》对监督工作中发现的不符合项或潜在不符合项汇总、分类,对监督结果进行评价、确认,对存在的问题进行分析,查找原因,提出整改计划、采取纠正措施及应对风险和机遇的措施,并对纠正和预防实施跟踪验证。监督的结果作为管理评审的意见输入相关文件。

监督员应对监督活动中所发现问题的纠正措施进行跟踪、分析、验证,确保纠正措施的有效性、及时性和持续改进性。质量负责人应对监督员如何更好的、有效的监督进行技术指导。检验检测机构最高管理者和各检测室主任需大力支持开展监督活动,使监督活动各个环节都能顺利进行,经过反复实践监督活动,检验检测机构的质量管理体系会进入到有效运行的轨道。

【例 3-23】 监督计划(见表 3-21)。

表 3-21　监督计划

序号	监督样品名称	监督项目	监督方法	计划实施日期	被监督人员	备注
1	复合土工膜	单位面积质量、厚度、强度	检测操作	20××年××月	李×王×	
2						
备注						

监督员:　　　　　　年　　月　　日　　　　　　批准人:　　　　　　年　　月　　日

第五节　技术管理的改进

在市场经济的环境下,检验检测机构的绩效好比逆水行舟、不进则退。检验检测机构管理层应思考如何创新技术,降低消耗,瞄准热点,增加新的检测能力,提高服务质量,树立企业新形象,总而言之就是要实现"持续改进"。本节主要就我国检验检测行业有关情况、存在问题、发展趋势、监管新举措及技术负责人的具体任务和使命做一叙述,以便于最高管理层尤其是技术负责人考虑如何从技术管理层面健康发展、与时俱进、持续改进。

一、行业现状和发展趋势

(一)市场规模

受益于政策利好,我国检验检测市场呈现不断增长态势。数据显示,2020 年我国检验检测服务市场规模已经达到 3 585.92 亿元(不包括贸易保障监测和医院医药),同比增长 11.2%。初步估算 2021 年我国检验检测服务市场规模在 4 010 亿元,并预计 2022 年这一市场规模将达 4 414.1 亿元,增速也将在 10% 以上。2017~2022 年我国检验检测市场规模及增速预测见图 3-2。

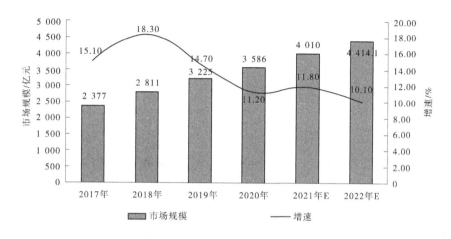

图 3-2　2017~2022 年我国检验检测市场规模及增速预测

从应用领域来看,目前检验检测广泛应用于建筑工程、环境监测、建筑材料、机动车检验、电子电器、食品及食品接触材料、特种设备、机械(包含汽车)、卫生疾控和计量标准等领域。其中,检验检测在建筑工程市场中占比最大,达到了 16.07%;其次为环境监测、建筑材料,占比分别为 10.42%、9.45%。中国检验检测细分领域市场份额占比情况,如图 3-3 所示。

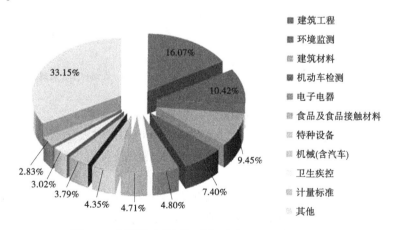

图 3-3　中国检验检测细分领域市场份额占比情况

(二)市场竞争情况

与市场规模走势相同,近年来我国检验检测机构数量也呈现不断增长态势。数据显示,截至 2020 年,我国共有检验检测机构 48 919 家,较上一年增长 11.16%,2017~2022 年我国检验检测市场规模及增速预测如图 3-4 所示。

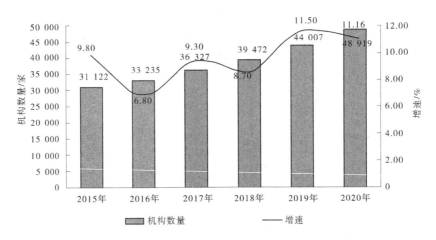

图 3-4　2017~2022 年我国检验检测市场规模及增速预测

而虽然我国私营检验机构数量不断增加,但从市场整体来看,市场依然呈现"小、散、弱"特征。以 2020 年的数据为例,截至 2020 年末,在全国 48 919 家的检验检测机构中,从业人数小于 100 人的小型、微型机构有 47 173 家,占机构总数的 96.43%,从业人数大于 100 人的检验检测机构仅 1 746 家。另外,服务半径限于省内的区域性检验检测机构占机构总数的 73.38%。中国检验检测机构按体量划分占比情况见图 3-5。

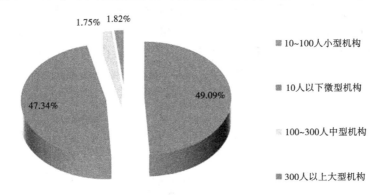

图 3-5　中国检验检测机构按体量划分占比情况

从所有制结构来看,目前我国主要以民营检测机构和国有及国有控股机构为主。以 2020 年的数据为例,民营检测机构占比为 52.17%,国有及国有控股机构占比为 44.18%(见图 3-6)。

整体来看,当前我国检验检测行业集约化发展势头显著。虽然我国规模以上检验检测机构数量仅占全行业的 12.8%,但营业收入占比达到 76.5%。此外,一大批规模大、水平高、能力强的中国检验检测品牌正在快速形成。

未来市场仍有巨大增长潜力。根据全球检验检测行业巨头法国必维国际检验集团(BV)估计,检验检测服务市场规模一般为下游产品产值的 0.1%~0.8%,国家经济越发达则越高。而根据国家统计局发布数据,2020 年我国 GDP 总值 1 015 986 亿元;检验检测服务市场规模仅占 GDP 总值的 0.35%,因此我国检验检测市场仍有一定的发展空间。

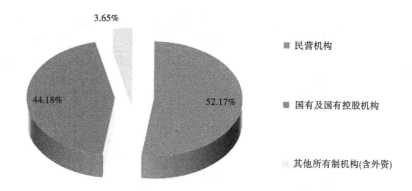

图 3-6　中国不同所有制检验检测机构数量占比情况

二、政策优化及监管形势

近年来,为推动检测检验行业发展,国家陆续出台了一系列行业支持政策。与此同时,为调整我国产业结构,国务院着力对供给侧进行结构性改革,促使检验检测服务业成为产业升级,提升产品质量以及科技水平的关键。例如 2021 年 9 月,国家市场监管总局发布了《关于进一步深化改革促进检验检测行业做优做强的指导意见》,对检验检测行业未来的发展、行业乱象的解决等问题指明了方向。将促使我国检验检测行业创新能力和竞争力不断增强。近年有关检测行业政策的具体信息如表 3-22 所示。

表 3-22　检测行业政策的具体信息统计

发布时间	政策名称	发布部门	相关内容
2011 年	《国务院办公厅关于加快发展高技术服务业的指导意见》	国务院	"检验检测服务"被列为国家重点发展的八个高技术服务业之一,提出要发展检验、检测、检疫、计量、认可技术服务,加强测试技术研究
2014 年	《关于整合检验检测认证机构的实施意见》	中央机构编制委员会办公室等	到 2020 年,形成布局合理、实力雄厚、公正可信的检验检测认证服务体系,培育一批技术能力强、服务水平高、规模效益好、具有一定国际影响力的检验检测认证集团
2015 年	《关于积极发挥新消费引领作用加快培育形成新供给新动力的指导意见》	国务院	以产业转型升级需求为导向,着力发展工业设计、节能环保服务、检验检测认证、电子商务、现代流通、市场营销和售后服务等产业,积极培育新型服务业态,促进生产性服务业专业化发展、向价值链高端延伸,为制造业升级提供支撑

续表 3-22

发布时间	政策名称	发布部门	相关内容
2015 年	《关于深化体制机制改革加快实施创新驱动发展战略的若干意见》	国务院	完善中小企业创新服务体系,加快推进创业孵化、知识产权服务、第三方检验检测认证等机构的专业化、市场化改革,壮大技术交易市场
2015 年	《全国质检系统检验检测认证机构整合指导意见》	国家质量监督检验检疫总局	到 2020 年,基本完成质检系统检验检测认证机构政事分开、管办分离、转企改制等改革任务,经营类检验检测认证机构专业化提升、规模化整合、市场化运营、国际化发展取得显著成效,形成一批具有知名品牌的综合性检验检测认证集团
2016 年	《国家创新驱动发展战略纲要》	国务院	构建专业化技术转移服务体系。发展研发设计、中试熟化、创业孵化、检验检测认证、知识产权等各类科技服务
2016 年	《"十三五"国家战略性新兴产业发展规划》	国务院	"加强相关计量测试、检验检测、认证认可、知识和数据中心等公共服务平台建设"被列为重点任务之一
2016 年	《认证认可检验检测发展"十三五"规划》	国家质量监督检验检疫总局、国家认证认可监督管理委员会、国家发展和改革委员会等	首次将认证认可检验检测作为整体来进行统筹谋划和顶层设计,要求提高规划的整体效能,避免分头管理和无序发展
2017 年	《战略性新兴产业重点产品和服务指导目录(2016 年版)》	国家发展和改革委员会	首次将检验检测服务业列为我国重点发展的战略性新兴行业
2020 年	《关于进一步促进服务型制造发展的指导意见》	工业和信息化部、国家发展和改革委员会等	鼓励有条件的认证机构创新认证服务模式,为制造企业提供全过程的质量提升服务
2021 年	《检验检测机构监督管理办法》	市场监管总局	强调了检验检测机构及其人员的主体责任;系统梳理了检验检测机构在取得资质许可准入后的行为规范;对不实和虚假检验检测做出了禁止性规定;梳理了检验检测监管体制和监管职权,规定了多种新型监管手段;对违反义务性规定的检验检测机构,要求监管部门根据情况区分风险、危害程度,采取不同的行政管理方式进行处理

续表 3-22

发布时间	政策名称	发布部门	相关内容
2021 年	《关于进一步深化改革促进检验检测行业做优做强的指导意见》	国家市场监管总局	提出,到 2025 年,检验检测体系更加完善,创新能力明显增强,发展环境持续优化,行业总体技术能力、管理水平、服务质量和公信力显著提升,涌现出一批规模效益好、技术水平高、行业信誉优的检验检测企业,培育一批具有国际影响力的检验检测知名品牌,打造一批检验检测高技术服务业集聚区和公共服务平台,形成适应新时代发展需要的现代化检验检测新格局
2021 年	《关于加快推进制造服务业高质量发展的意见》	国家发改委、市场监管总局等 13 部门	明确要加快检验检测认证服务业市场化、国际化、专业化、集约化、规范化改革和发展,提高服务水平和公信力,推进国家检验检测认证公共服务平台建设,推动提升制造业产品和服务质量

　　根据上述文件及相关政策,现如今检测行业面临着"宽准入、严监管"的态势。"放",是在降低了检验检测行业的准入门槛,旨在逐步扩大检验检测行业的规模;"管",则是市场监管,市场监管的目的是希望可以引领行业可以获得健康的发展,在监管上做到宽而有度、放而不乱;"双随机、一公开"抽查是检验检测市场监管的重要手段;"服",优化服务,比如在如今行业竞争激烈的今天,作为检测单位,该如何提升自身竞争力,是大多数检测机构面临的问题。

三、面对困难如何保持竞争优势

(一)创新服务模式
　　建立市场环境下的新型客户关系,由单一检验逐步向以检验为基础、质量诊断为手段,形成产品质量综合解决方案,提升服务能力和意识。转变过去采用行政及强制措施的观念,建立服务于市场、发展于市场的服务观念,打破市场和行业壁垒,促进贸易便利化,从检验检测、认证、分析、研发等多个方面,提供综合性一站式服务。

(二)促进人才队伍健康发展
　　检测机构需建立技术和管理双通道人才培养体系,大力培养创新型、应用型、复合型人才,进一步完善人力资源管理、薪酬体系等,构建现代化的人才保障体系。同时加强人员专业技术和管理知识培训,开展学习、交流活动,增强培训实效性,不断提升从业人员的综合专业素质和业务能力。

(三)打造品牌知名度
　　检测机构应按照"政府引导、机构创建、社会满意"的原则,不断推进品牌建设,着力打造一批检验检测服务质量高、创新能力强的专业机构。使其成长为检验检测认证知名品牌,发挥品牌管理引领作用,培育核心竞争力,树立优质检测形象,不断提升行业话语权和社会公信力,促进检验检测行业健康可持续发展。

在"法律规范、行政监管、认可约束、行业自律、社会监督"五位一体的监管体系下,中小型检验检测机构应该走"专精特新"发展道路,推进产业结构优化升级,共同发挥服务民生,助力地方政府产品质量安全监管,为经济社会发展提供坚实的技术支撑。

四、技术负责人的任务和使命

检验检测机构的技术负责人在本单位的健康运行、持续改进中起着不可替代的作用,肩负着如下的任务和使命:

(1)技术负责人是检验检测机构技术运作的策划者。

(2)技术负责人是检验检测机构技术运作所需资源的提供者。

(3)技术负责人是检验检测机构新项目的策划者和领导者。

(4)技术负责人是检验检测机构制定方法的组织领导者。

(5)技术负责人是检验检测机构非标准方法确认的组织者。

(6)技术负责人是检验检测机构检测和校准方法的偏离的授权者。

(7)技术负责人是检验检测机构测量不确定度的评定的组织实施者。

(8)技术负责人是检验检测机构设备出现缺陷或偏离时对先前影响的评价者。

(9)技术负责人是检验检测机构检测和校准结果质量保证的提供者。

(10)技术负责人是检验检测机构采购技术资料内容的审批者。

(11)技术负责人是检验检测机构不符合工作的控制者。

(12)技术负责人是检验检测机构监督工作的推行者。

(13)技术负责人是检验检测机构仪器设备计量溯源的推动者。

(14)技术负责人是检验检测机构仪器设备期间核查的推进者。

(15)技术负责人是检验检测机构特殊合同评审的主持者。

(16)技术负责人是检验检测机构政府指令计划的编制者。

第四章　质量管理实务

本章对质量负责人主要主管和主办的岗位职责活动进行了展开落实,便于质量负责人融会贯通,学以致用。

第一节　管理体系概述

一、含义

管理体系是指为建立方针和目标并实现这些目标的体系。包括质量管理体系、技术管理体系和行政管理体系。管理体系的运作包括体系的建立、实施、保持和持续改进。

检验检测机构管理体系是把影响检验检测质量的所有要素综合在一起,在质量方针的指引下,为实现质量目标而形成集中统一、步调一致、协调配合的有机整体,使总体的作用大于各子系统作用之和。机构建立管理体系是为了实施管理,并使其实现和达到质量方针和质量目标,以便以最好、最实际的方式来指导机构和工作人员、设备及信息的协调活动,从而保证服务质量、提升客户满意度。

二、构成

管理体系由组织机构、职责、程序、过程和资源五个基本要素组成。管理体系应包含硬件和软件两个部分。硬件部分指的是一个机构必须具备的检验检测条件,具备与所开展检验检测活动相适应的人员、工作场所、仪器设备等,软件部分指的是通过与其相适应的组织机构,分析确定各检验检测工作的过程,分配协调各项检验检测工作的职责和接口,指定检验检测的工作程序及依据方法,使各项检验检测工作能有效协调地进行,成为一个有机的整体。

(一)组织结构

组织结构是为实施其职能按一定的格局设置的组织部门、职责范围、隶属关系和相互联系,是实施质量方针和目标的组织保证。应建立与管理体系相适应的组织机构,一般要做以下几方面的工作:

(1)设置与检测工作相适应的部门。

(2)确立综合协调部门。

(3)确定各个部门的职责范围及相应关系。

(4)配备开展检测工作所需的资源。

由于检测性质、对象、规模不同,必须根据自身的具体情况进行设计。

(二)职责

职责中应规定检测各个部门和相关人员的岗位职责,在管理体系和工作中应承担的任务和责任,以及对工作中的失误应负的责任。

职责划分应把握上不重叠、下不空缺、各司其职、各负其责的原则,并且要注意以下三点:

(1)既要明确,又要相互衔接和协调。

(2)要防止多头领导、多头指挥。

(3)对质量工作独立行使权力者要详细规定其职责,并明确任职条件。

(三)程序

程序是指为实施某项活动所规定的途径,是机构进行检测管理工作的关键点。程序文件是含有程序的文件,应具有可操作性。

(1)规定按顺序开展所承担活动的细节,包括对应做工作的要求,即 5W1H:何事(what)、何人(who)、何时(when)、何处(where)、何故(why)、如何控制(how)。

(2)规定如何进行控制和记录,以及对人员(man)、设备(machine)、材料(material)、检测方法(method)和环境(environment)等进行控制,即 4M1E。

(四)过程

过程是将输入转化为输出的一组彼此相关的资源和活动。任何工作都是经历过程而完成的,均存在着过程输入和过程输出。从过程输入到过程输出,将产生增值和转换,如图 4-1 所示。

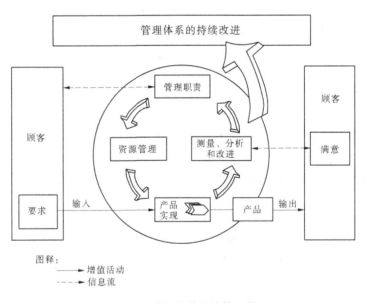

图 4-1 以过程为基础的管理体系

(五)资源

资源包括技术资源、物质资源、组织资源、人才资源和信息资源等,是管理体系运行的基础,在充分利用各类资源时,应主要考虑:提升人员素质,添置、更新和维护仪器设备及设施,跟踪研究检测方法技术和标准发展动态等有关信息。

三、特性

(一)系统性

管理体系是对检测活动各个方面综合起来的一个完整的系统。管理体系各要素之间是一个相互依赖、相互配合、相互制约、相互促进的具有一定活动规律的有机整体。

(二)全面性

管理体系对本机构检测活动的管理和技术各个要素全过程、全方位进行控制。

(三)适应性

管理体系能随着检验检测机构内外部环境的变化和发展进行实时的补充和改进,以适应环境变化的需求。

(四)有效性

识别不符合时采取纠正和应对风险和机遇的措施,使各项活动处于受控状态,并对措施实施的结果进行跟踪验证,确保措施的有效性以及管理体系的有效性。

四、建立

检验检测机构初次建立管理体系一般包括以下几个阶段。

(一)领导的认识阶段

检验检测机构领导(包括最高管理者和管理层成员)是检验检测机构的领导核心和决策者。因此,领导对管理体系的建立、改进和资源的配置等方面发挥着决策作用。领导的作用不容忽视,特别是管理层要统一思想,统一认识,步调一致。

(二)宣传培训、全员参与

检验检测机构在建立管理体系时,要向全体工作人员进行《通用要求》和管理体系方面的宣传教育,使全体人员了解建立管理体系的重要性,领会《通用要求》的要求,理解他们在建立管理体系工作中的职责和作用,认识到建立健全检验检测机构管理体系的工作人人有责。

(三)组织落实,拟定计划

管理体系的建立需要一个精干的建设领导小组,一般可分三个层次:

(1)第一层次:成立以最高管理者为组长、质量负责人为副组长的管理体系建设领导小组。主要任务包括:体系建设的总体规划,制订质量方针和目标,按职能部门进行质量职能的分解。

(2)第二层次:成立由各部门负责人参加的工作小组。其主要任务是按照体系建设的总体规划具体组织实施。

(3)第三层次:成立要素工作小组。根据各部门的分工,明确管理体系要素的责任主体。例如,"文件控制"一般应由综合办公室负责。

(四)确定质量方针和质量目标

检验检测机构的领导要尽快结合检验检测机构的工作内容、性质、要求,主持制订符合自身实际情况的质量方针、质量目标,以便指导管理体系的设计、建设工作。

(五)分析现状,确定过程和要素

按照《通用要求》的要求,结合自身的检验工作及实施要素的能力进行分析比较,确定检验报告形成过程中的质量环,加以控制。

(六)确定组织结构,分配职能

检验检测机构应根据自身的实际情况,筹划组织结构的设置。结构的设置必须有利于检验检测机构检验工作的顺利开展。将各检测活动分配落实到有关部门,根据各部门承担的检测活动确定其职责并赋予相应权限。

(七)管理体系文件化

把管理体系形成文件一般包括四方面内容:质量手册、程序文件、作业指导书、记录表格。这一阶段应该对以上各个层次文件的编排方式、编写格式、内容要求以及之间的衔接关系做出设计,并要制订编制管理体系文件的编写实施计划,做到每个项目有人承担,有人检查,按时完成。

管理体系很大程度上是通过文件化的形式表现出来的,或者叫作建立文件化的管理体系。文件化的管理体系是描述管理体系的一整套文件,《通用要求》的所有要素都应在文件化的管理体系中加以体现,包括质量方针、目标、承诺、政策、程序、计划、指导书等,它是检验检测机构规范管理的依据和要求,也是评价管理体系、进行质量改进不可缺少的依据。

(八)批准、宣贯、运行

管理体系文件形成之后,经最高管理者批准发布,再以适当的方式传达至有关人员,使其容易获得、理解管理体系的要求,并在自己的实际工作中加以实施。

第二节 管理体系文件编写

文件化的管理体系就是管理体系文件。管理体系包括组织机构、职责、过程、程序和资源。无论其是否文件化,它都是客观存在的。因此,检验检测机构通过文件化的过程可以加强对管理体系的认识和理解,发现问题和不足,实施改进;可以将现行管理体系用文件的形式固定下来,不允许随意变动,可保持系统的相对稳定性;可以将运作过程标准化,有利于各项工作的规范性、一致性。

文件化是实现"法治"的重要措施,是管理层治理检验检测机构的良方。检验检测机构首先要做的就是设计完整的体系文件架构,并在实际工作中不断充实和完善体系文件内容,使之具有规范性、系统性、协调性、唯一性和适用性等特点。

一、管理体系文件的结构

(一)层次结构

一般检验检测机构应首先给出管理体系中所用文件的架构,也就是管理体系文件的层次。

第一层次文件为质量手册,是对检验检测机构管理体系要素的描述。检验检测机构要将其组织结构、岗位设置、职责权限和相互关系、过程、资源等按照《通用要求》的要求进行全面描述。第二层次文件为程序文件,是把检验检测机构纲领性的顶层规章制度(质量手册内容)转化为各个单位(部门)的活动并用文字规定下来所形成的一个系统,是对质量手册的展开和落实,也是质量手册的支持性文件。每一个程序文件应针对管理体系中一个逻辑上独立的活动,主要为各单位(部门)使用。第三层次文件为作业指导书,它是指导某项具体活动或过程的文件,是指导开展检测的更详细的文件,是为一线人员使用的。第四层次文件为记录表格,它是用于记录管理体系所要求的信息的文件,是记录的载体。记录是记录表格填写了信息的文件,在此要强调的是,记录不是管理体系文件,记录表格才是管理体系文件。记录可分为质量记录和技术记录两类,质量记录是进行质量活动时产生的记录,技术记录是进行技术活动时产生的记录。计划和报告都可看作特殊类型的记录,计划针对某项工作进行策划、预谋、准备,报告针对某项工作的情况进行分析、归纳、总结、评价。记录表格要规范化,也要经过正式批准发布实施并受控。记录是管理体系有效运行的验证性文件,也是采取纠正措施、应对风险和机遇的措施的依据。

显然,不同层次文件作用是各不相同的。要求上下层次间相互衔接,不能有矛盾;下层次文件应比上层次文件更具体、更可操作;上层次文件应附有下层次支持文件的目录。总之,管理体系文件层次划分是根据检验检测机构的规模大小和所从事的检测范围来定的。一般来说,大、中型检验检测机构采用四个层次的管理体系文件;中、小型检验检测机构可以采用三个层次的管理体系文件,即把第三层次文件作业指导书和第四层次文件记录表格合并为第三层次文件。

(二)《通用要求》与管理体系文件对照表

编写管理体系文件时,检验检测机构要保证覆盖《通用要求》中所适用的全部要素,质量手册、程序文件、记录表格间要结构合理、相互关联,并根据文件的性质、特点决定主要内容,表 4-1 给出了某工程检验检测机构管理体系文件结构表示例。作业指导书因各个检验检测机构差别较大,在管理体系文件结构表示例中没列出,各检验检测机构可根据自己的实际情况列出。为清晰起见,在表 4-1 中把相关文件的编码示例明确下来,仅供参考。

二、体系文件的编写原则及方法

(一) 编写原则

编写管理体系文件时,要贯彻"该写的都得写到"的原则。但由于检验检测机构检测性质的不同或检测对象的行业特点要求,某些条款对某种类型的检验检测机构是不适用的,因此在体系文件中可以进行裁剪。管理体系文件编写的基本要求是:写你要做的,即《通用要求》要求的和行业要求的要写到。

文件的编写应遵循以下原则。

1. 系统全面的原则

检验检测机构建立的管理体系是对质量活动中的各个方面综合起来的一个完整的系统。管理体系各要素之间不是简单的集合,而是具有一定的相互依赖、相互配合、相互促进和相互制约的关系,形成了具有一定活动规律的有机整体。在编写管理体系文件时必须树立系统的观念,从检验检测机构的整体出发进行策划、设计、编排。对影响检验检测

表4-1　《通用要求》与管理体系文件对照表

《通用要求》条款	质量手册 xxJC/SC-xx-A/0-20xx 章节与名称	程序文件 xxJC/CX-xx-xx-A/0-20xx 序号	名称与编码	记录表格 xxJC/JL-xx-xx-xx-A/0-20xx 名称与编码	备注
	发布令				
	批准页				
	修订页				
	目录				
	1　机构概述与管理职责				
	2　公正性声明与承诺				
	3　手册的管理				
4　要求	4　管理要求				
4.1　机构	4.1　机构				
4.1.1	4.1.1　概述				
4.1.2	4.1.2　要求				
4.1.3	4.1.3　相关文件				
4.1.4		1	保证公正性和诚信程序 xxJC/CX-4.1-1-A/0-20xx	《失信情况及处理表》 xxJC/JL-4.1-1-0-1-A/0-20xx	
4.1.5		2	保护客户秘密和所有权程序 xxJC/CX-4.1-2-A/0-20xx	《保护客户秘密和所有权程序执行情况检查记录表》 xxJC/JL-4.1-2-0-1-A/0-20xx 《违反保护客户秘密和所有权程序的调查及处理记录》 xxJC/JL-4.1-2-0-2-A/0-20xx	

续表 4-1

《通用要求》条款		质量手册 xxJC/SC-xx-A/0-20xx	程序文件 xxJC/CX-xxx-xx-A/0-20xx	记录表格 xxJC/JL-xxx-xx-xx-xx-A/0-20xx	备注
4.2 人员	4.2.1			《技术项目考核记录》xxJC/JL-xxx-xx-xx-xx-A/0-20xx	
	4.2.2	4.2.1 概述	3 人员管理程序 xxJC/CX-4.2-1-A/0-20xx	《岗位考核记录》xxJC/JL-4.2-1-0-2-A/0-20xx 《检验检测人员上岗资格证书》xxJC/JL-4.2-1-0-2-A/0-20xx	
	4.2.3	4.2.2 要求			
	4.2.4	4.2.3 相关文件			
	4.2.5		4 人员监督管理程序 xxJC/CX-4.2-2-A/0-20xx	《监督计划表》xxJC/JL-4.2-2-0-1-A/0-20xx 《监督记录表》xxJC/JL-4.2-2-0-1-A/0-20xx	
	4.2.6		5 培训管理程序 xxJC/CX-4.2-3-A/0-20xx	《培训需求申请表》xxJC/JL-4.2-3-0-1-A/0-20xx 《培训质量评估表》xxJC/JL-4.2-3-0-2-A/0-20xx 《培训学习登记表》xxJC/JL-4.2-3-0-3-A/0-20xx	
	4.2.7				
4.3 环境	4.3.1	4.3.1 概述			
	4.3.2	4.3.2 要求	6 场所和环境条件控制程序 xxJC/CX-4.3-1-A/0-20xx	《环境监测记录》xxJC/JL-4.3-1-0-1-A/0-20xx 《场所与环境检查及处理记录》xxJC/JL-4.3-1-0-2-A/0-20xx	
	4.3.3	4.3.3 相关文件	7 内务管理程序 xxJC/CX-4.3-2-A/0-20xx		
			8 安全作业管理程序 xxJC/CX-4.3-3-A/0-20xx		
	4.3.4		9 危险化学品安全管理程序 xxJC/CX-4.3-4-A/0-20xx	《危险化学品采购计划和验收记录》xxJC/JL-4.3-4-0-1-A/0-20xx 《危险化学品领用记录单》xxJC/JL-4.3-4-0-2-A/0-20xx 《危险化学品消耗记录表》xxJC/JL-4.3-4-0-3-A/0-20xx 《危险化学品分类目录》xxJC/JL-4.3-4-0-4-A/0-20xx	
			10 环境保护程序 xxJC/CX-4.3-5-A/0-20xx	《"三废"处理记录》xxJC/JL-4.3-5-0-1-A/0-20xx	

续表 4-1

《通用要求》条款		质量手册 xxJC/SC-xx-A/0-20xx	程序文件 xxJC/CX-xx-xx-A/0-20xx		记录表格 xxJC/JL-xx-xx-xx-xx-A/0-20xx	备注
条款						
4.4 设备设施	4.4.1					
	4.4.2		仪器设备管理程序 xxJC/CX-4.4-1-A/0-20xx	11	《仪器设备购置申请表》xxJC/JL-4.4-1-0-1-A/0-20xx 《仪器设备验收检查记录表》xxJC/JL-4.4-1-0-2-A/0-20xx 《仪器设备停用/降级/报废申请处理表》xxJC/JL-4.4-1-0-3-A/0-20xx 《仪器设备维修记录表》xxJC/JL-4.4-1-0-4-A/0-20xx 《仪器设备使用记录表》xxJC/JL-4.4-1-0-5-A/0-20xx 《仪器设备维护记录表》xxJC/JL-4.4-1-0-6-A/0-20xx 《仪器设备维修申请表》xxJC/JL-4.4-1-0-7-A/0-20xx	
	4.4.3 4.3.1 概述 4.3.2 要求 4.3.3 相关文件		计量溯源程序 xxJC/CX-4.4-2-A/0-20xx	12	《计量溯源计划表》xxJC/JL-4.4-2-0-1-A/0-20xx 《计量溯源结果确认表》xxJC/JL-4.4-2-0-2-A/0-20xx	
			期间核查程序 xxJC/CX-4.4-3-A/0-20xx	13	《设备期间核查计划表》xxJC/JL-4.4-3-0-1-A/0-20xx 《设备期间核查记录表》xxJC/JL-4.4-3-0-2-A/0-20xx	
	4.4.4 4.4.5		标准物质管理程序 xxJC/CX-4.4-4-A/0-20xx	14	《标准物质采购申请表》xxJC/JL-4.4-4-0-1-A/0-20xx 《标准物质目录》xxJC/JL-4.4-4-0-2-A/0-20xx 《标准物质领用登记表》xxJC/JL-4.4-4-0-3-A/0-20xx 《标准物质验收记录》xxJC/JL-4.4-4-0-4-A/0-20xx 《滴定分析用标准溶液的制备原始记录》xxJC/JL-4.4-4-0-5-A/0-20xx 《标准使用溶液配制记录表》xxJC/JL-4.4-4-0-6-A/0-20xx	
	4.4.6		参考标准的使用控制程序 xxJC/CX-4.4-5-A/0-20xx	15	《参考标准/标准物质评审表》xxJC/JL-4.4-5-0-1-A/0-20xx 《参考标准参考物质使用登记表》xxJC/JL-4.4-5-0-2-A/0-20xx	

续表 4-1

《通用要求》条款	质量手册 ××JC/SC-××-A/0-20××		程序文件 ××JC/CX-×××-××-A/0-20××	记录表格 ××JC/JL-×××-××-××-××-A/0-20××	备注
4.5 管理体系	4.5 管理体系	4.5.1 概述 4.5.2 要求 4.5.3 相关文件			
4.5.1 总则	4.5.1 总则	4.5.1.1 概述 4.5.1.2 要求 4.5.1.3 相关文件			
4.5.2 方针目标	4.5.2 方针目标	4.5.2.1 概述 4.5.2.2 要求 4.5.2.3 相关文件	16 质量目标考核程序 ××JC/CX-4.5.2-1-A/0-20××	《质量目标考核记录》××JC—CX-4.5.2-1-0-1-A/0-20×× 《客户满意度调查表》××JC—CX-4.5.2-1-0-2-A/0-20××	
4.5.3 文件控制	4.5.3 文件控制	4.5.3.1 概述 4.5.3.2 要求 4.5.3.3 相关文件	17 文件控制程序 ××JC/CX-4.5.3-1-A/0-20××	《管理体系文件修改申请表》××JC/JL-4.5.3-1-0-1-A/0-20×× 《受控文件发放回收登记表》××JC/JL-4.5.3-1-0-2-A/0-20×× 《管理体系文件修改通知单》××JC/JL-4.5.3-1-0-3-A/0-20×× 《管理体系文件销毁记录表》××JC/JL-4.5.3-1-0-4-A/0-20×× 《管理体系受控文件目录》××JC/JL-4.5.3-1-0-5-A/0-20××	
4.5.4 合同评审	4.5.4 合同评审	4.5.4.1 概述 4.5.4.2 要求 4.5.4.3 相关文件	18 合同评审程序 ××JC/CX-4.5.4-1-A/0-20××	《委托检验检测协议书》××JC/JL-4.5.4-1-0-1-A/0-20××	

续表 4-1

《通用要求》条款	质量手册 xxJC/SC-xx-A/0-20xx		程序文件 xxJC/CX-xx-xx-A/0-20xx		记录表格 xxJC/JL-xx-xx-xx-xx-A/0-20xx	备注
4.5.5 分包	4.5.5 分包	4.5.5.1 概述 4.5.5.2 要求 4.5.5.3 相关文件	分包管理程序 xxJC/CX-4.5.5-1-A/0-20xx	19	《分包项目申请审批表》xxJC/JL-4.5.5-1-0-1-A/0-20xx 《分包方评审表》xxJC/JL-4.5.5-1-0-2-A/0-20xx 《有能力的分包方名录》xxJC/JL-4.5.5-1-0-3-A/0-20xx 《分包协议》xxJC/JL-4.5.5-1-0-4-A/0-20xx	
4.5.6 采购	4.5.6 采购	4.5.6.1 概述 4.5.6.2 要求 4.5.6.3 相关文件	服务和供应品的管理程序 xxJC/CX-4.5.6-1-A/0-20xx	20	《试剂,培养基等相关检测耗材采购申请计划表》xxJC/JL-4.5.6-1-0-1-A/0-20xx 《服务和供应商评价表》xxJC/JL-4.5.6-1-0-2-A/0-20xx 《合格服务和供应商名录》xxJC/JL-4.5.6-1-0-3-A/0-20xx 《试剂,培养基等相关检测耗材验收单》xxJC/JL-4.5.6-1-0-4-A/0-20xx 《试剂,培养基等相关检测耗材领用单》xxJC/JL-4.5.6-1-0-5-A/0-20xx 《试剂,培养基等相关检测耗材报废申请单》xxJC/JL-4.5.6-1-0-6-A/0-20xx	
4.5.7 服务客户	4.5.7 服务客户	4.5.7.1 概述 4.5.7.2 要求 4.5.7.3 相关文件	服务客户程序 xxJC/CX-4.5.7-1-A/0-20xx	21	《客户满意度调查表》xxJC/JL-4.5.7-1-0-1-A/0-20xx 《客户意见簿》xxJC/JL-4.5.7-1-0-2-A/0-20xx	
4.5.8 投诉	4.5.8 投诉	4.5.8.1 概述 4.5.8.2 要求 4.5.8.3 相关文件	投诉处理程序 xxJC/CX-4.5.8-1-A/0-20xx	22	《投诉登记调查处理表》xxJC/JL-4.5.8-1-0-1-A/0-20xx 《投诉处理报告》xxJC/JL-4.5.8-1-0-2-A/0-20xx	

续表 4-1

《通用要求》条款	质量手册 xxJC/SC-xx-A/0-20xx	程序文件 xxJC/CX-xxx-xx-A/0-20xx	记录表格 xxJC/JL-xxx-xx-xx-A/0-20xx	备注
4.5.9 不符合工作控制	4.5.9 不符合工作控制 4.5.9.1 概述 4.5.9.2 要求 4.5.9.3 相关文件	23 不符合工作控制程序 xxJC/CX-4.5.9-1-A/0-20xx	《不符合识别及纠正措施实施验证表》xxJC/JL-4.5.9-1-0-1-A/0-20xx 《不符合检验检测通知单》xxJC/JL-4.5.9-1-0-2-A/0-20xx 《不符合项识别及与处置一览表》xxJC/JL-4.5.9-1-0-3-A/0-20xx	
		24 检验检测工作程序 xxJC/CX-4.5.9-2-A/0-20xx	《检验检测样品流转卡》xxJC/JL-4.5.18-1-0-1-A/0-20xx 《委托检验检测协议书》xxJC/JL-4.5.9-1-0-1-A/0-20xx	
		25 检验检测差错和事故分析报告程序 xxJC/CX-4.5.9-3-A/0-20xx	《检验检测差错或事故登记表》xxJC/JL-4.5.9-3-0-1-A/0-20xx	
4.5.10 纠正措施、应对风险和机遇的措施与改进	4.5.10 纠正措施、应对风险和机遇的措施与改进 4.5.10.1 概述 4.5.10.2 要求 4.5.10.3 相关文件	26 纠正措施程序 xxJC/CX-4.5.10-1-A/0-20xx	《纠正措施实施情况表》xxJC/JL-4.5.10-1-0-1-A/0-20xx 《纠正措施完成情况一览表》xxJC/JL-4.5.10-1-0-2-A/0-20xx 《纠正措施总结表》xxJC/JL-4.5.10-1-0-3-A/0-20xx	
		27 应对风险和机遇措施与持续改进程序 xxJC/CX-4.5.10-2-A/0-20xx	《风险分析评估与应对措施表》xxJC/JL-4.5.10-2-0-1-A/0-20xx 《机遇分析评估与应对措施表》xxJC/JL-4.5.10-2-0-2-A/0-20xx 《应对风险和机遇的措施以及改进总结报告》xxJC/JL-4.5.10-2-0-3-A/0-20xx	

续表 4-1

《通用要求》条款	质量手册 xx JC/SC-xx-xx-A/0-20xx	程序文件 xxJC/CX-xx-xx-A/0-20xx		记录表格 xxJC/JL-xx-xx-xx-xx-A/0-20xx	备注
4.5.11 记录控制	4.5.11.1 概述 4.5.11.2 要求 4.5.11.3 相关文件	28	记录管理程序 xxJC/CX-4.5.11-1-A/0-20xx	《管理体系记录表式目录清单》xxJC/JL-4.5.11-1-0-6-A/0-20xx 《记录归档登记表》xxJC/JL-4.5.11-1-0-1-A/0-20xx 《记录查阅登记表》xxJC/JL-4.5.11-1-0-2-A/0-20xx 《记录销毁审批表》xxJC/JL-4.5.11-1-0-3-A/0-20xx	
4.5.12 内部审核	4.5.12.1 概述 4.5.12.2 要求 4.5.12.3 相关文件	29	内部审核程序 xxJC/CX-4.5.12-1-A/0-20xx	《年度内部审核方案》xxJC/JL-4.5.12-1-0-1-A/0-20xx 《内部审核实施计划》xxJC/JL-4.5.12-1-0-2-A/0-20xx 《内部审核检查表》xxJC/JL-4.5.12-1-0-3-A/0-20xx 《内部审核通知单》xxJC/JL-4.5.12-1-0-4-A/0-20xx 《不符合项识别及纠正措施实施验证表》xxJC/JL-4.5.9-1-0-1-A/0-20xx 《内部审核会议签到表》xxJC/JL-4.5.12-1-0-5-A/0-20xx 《内部审核报告》xxJC/JL-4.5.12-1-0-6-A/0-20xx 《内部审核整改计划》xxJC/JL-4.5.12-1-0-7-A/0-20xx 《内部审核整改报告》xxJC/JL-4.5.12-1-0-8-A/0-20xx 《年度内部审核报告》xxJC/JL-4.5.12-1-0-9-A/0-20xx	

续表 4-1

《通用要求》条款	质量手册 ××JC/SC-××-A/0-20××		程序文件 ××JC/CX-××-××-A/0-20××		记录表格 ××JC/JL-×××-××-××-××-A/0-20××	备注
4.5.13 管理评审	4.5.13 管理评审	4.5.13.1 概述 4.5.13.2 要求 4.5.13.3 相关文件	管理评审程序 ××JC/CX-4.5.13-1-A/0-20××	30	《年度管理评审计划》××JC/JL-4.5.13-1-0-1-A/0-20×× 《管理评审实施计划》××JC/JL-4.5.13-1-0-2-A/0-20×× 《管理评审日程》××JC/JL-4.5.13-1-0-3-A/0-20×× 《管理评审通知单》××JC/JL-4.5.13-1-0-4-A/0-20×× 《管理评审报告》××JC/JL-4.5.13-1-0-5-A/0-20××	
4.5.14 方法的选择验证和确认	4.5.14 方法的选择验证和确认	4.5.14.1 概述 4.5.14.2 要求 4.5.14.3 相关文件	检验检测方法控制程序 ××JC/CX-4.5.14-1-A/0-20××	31	《委托检验检测协议书》××JC/JL-4.5.14-1-0-1-A/0-20×× 《新开展项目(扩)审表》××JC/JL-4.5.14-3-0-1-A/0-20××	
			允许方法偏离控制程序 ××JC/CX-4.5.14-2-A/0-20××	32	《偏离许可申请审批表》××JC/JL-4.5.14-2-0-1-A/0-20××	
			新项目评审程序 ××JC/CX-4.5.14-3-A/0-20××	33	《新开展项目(扩)审批表》××JC/JL-4.5.14-3-0-1-A/0-20×× 《新项目验收合格评审表》××JC/JL-4.5.14-3-0-2-A/0-20××	
			开发自制检测方法控制程序 ××JC/CX-4.5.14-4-A/0-20××	34	《开展自制检验检测方法审批表》××JC/JL-4.5.14-3-0-1-A/0-20×× 《自制检验检测方法确认表》××JC/JL-4.5.14-3-0-2-A/0-20××	

续表 4-1

《通用要求》条款	质量手册 xxJC/SC-xx-A/0-20xx		程序文件 xxJC/CX-xx-xx-A/0-20xx		记录表格 xxJC/JL-xx-xx-xx-xx-A/0-20xx	备注
4.5.15 测量不确定度	4.5.15.1 概述 4.5.15.2 要求 4.5.15.3 相关文件		35	测量不确定度的评定程序 xxJC/CX-4.5.15-1-A/0-20xx	《测量不确定度评定报告》xxJC/JL-4.5.15-1-0-1-A/0-20xx	
4.5.16 数据信息管理	4.5.16.1 概述 4.5.16.2 要求 4.5.16.3 相关文件		36	数据信息管理程序 xxJC/CX-4.5.16-1-A/0-20xx	《计算机软件登记》xxJC/JL-4.5.16-1-0-1-A/0-20xx 《计算机内容变更申请表》xxJC/JL-4.5.16-1-0-2-A/0-20xx 《数据备份登记表》xxJC/JL-4.5.16-1-0-3-A/0-20xx	
4.5.17 抽样	4.5.17.1 概述 4.5.17.2 要求 4.5.17.3 相关文件		37	抽样控制程序 xxJC/CX-4.5.17-1-A/0-20xx	《检验检测样品采（抽）样单》xxJC/JL-4.5.17-1-0-1-A/0-20xx	
4.5.18 样品处置	4.5.18.1 概述 4.5.18.2 要求 4.5.18.3 相关文件		38	样品管理程序 xxJC/CX-4.5.18-1-A/0-20xx	《检验检测样品流转卡》xxJC/JL-4.5.18-1-0-1-A/0-20xx 《样品状态标识》xxJC/JL-4.5.18-1-0-2-A/0-20xx 《收样、留样登记表》xxJC/JL-4.5.18-1-0-3-A/0-20xx 《留样样品销毁申报处理单》xxJC/JL-4.5.18-1-0-4-A/0-20xx 《样品送检单》xxJC/JL-4.5.18-1-0-5-A/0-20xx	
4.5.19 结果有效性	4.5.19.1 概述 4.5.19.2 要求 4.5.19.3 相关文件		39	监控结果有效性控制程序 xxJC/CX-4.5.19-1-A/0-20xx	《监控结果有效性工作计划》xxJC/JL-4.5.19-1-0-1-A/0-20xx 《监控结果有效性实施记录》xxJC/JL-4.5.19-1-0-2-A/0-20xx 《监控技术方法有效性评审表》xxJC/JL-4.5.19-1-0-3-A/0-20xx	

续表 4-1

《通用要求》条款	质量手册 xxJC/SC-xx-A/0-20xx		程序文件 xxJC/CX-xx-xx-A/0-20xx	记录表格 xxJC/JL-xx-xx-xx-A/0-20xx	备注
4.5.20 结果报告	4.5.20 结果报告	4.5.20.1 概述 4.5.20.2 要求 4.5.20.3 相关文件	检验检测结果发布和报告管理程序 xxJC/CX-4.5.20-1-A/0-20xx　40	《检验检测报告》封面 xxJC/JL-4.5.20-1-0-1-A/0-20xx	
4.5.21 结果说明	4.5.21 结果说明	4.5.21.1 概述 4.5.21.2 要求 4.5.21.3 相关文件		《检验检测报告》说明页 xxJC/JL-4.5.20-1-0-2-A/0-20xx	
4.5.22 抽样情况	4.5.22 抽样情况	4.5.22.1 概述 4.5.22.2 要求 4.5.22.3 相关文件		《检验检测报告发文登记表》xxJC/JL-4.5.20-1-0-3-A/0-20xx	
4.5.23 意见和解释	4.5.23 意见和解释	4.5.23.1 概述 4.5.23.2 要求 4.5.23.3 相关文件		《检验检测报告更改申请审批表》xxJC/CX-4.5.20-1-0-4-A/0-20xx	
4.5.24 分包结果	4.5.24 分包结果	4.5.24.1 概述 4.5.24.2 要求 4.5.24.3 相关文件		《检验检测报告(底稿)》xxJC/JL-4.5.20-1-0-5-A/0-20xx	
4.5.25 结果传送和格式	4.5.25 结果传送和格式	4.5.25.1 概述 4.5.25.2 要求 4.5.25.3 相关文件		《检验检测报告》底页(档案清单)xxJC/JL-4.5.20-1-0-6-A/0-20xx	
4.5.26 修改	4.5.26 修改	4.5.26.1 概述 4.5.26.2 要求 4.5.26.3 相关文件		《检验检测报告》底页(档案清单)xxJC/JL-4.5.20-1-0-7-A/0-20xx	
4.5.27 记录和保存	4.5.27 记录和保存	4.5.27.1 概述 4.5.27.2 要求 4.5.27.3 相关文件			

注:1. 此对照表仅为说明这种方法所举的一个案例,各机构切不可不顾本单位实际情况囫囵吞枣、照搬照抄。

2. 此表中各相关内容可并合并或精练或增加,只要覆盖《通用要求》内容要求即可。

机构检测工作质量的各项活动进行全过程、全要素、全方位的控制。控制应是闭环的和便于互相监督的,管理体系要覆盖管理要求和技术要求的所有要素,对影响检测质量的全部因素进行有效的控制。

2. 科学合理的原则

管理体系文件的编制要用标准化带动规范化,质量手册、程序文件、作业指导书和各种记录等文件的编写都离不开标准化文件的指导,适时采用最新的技术标准。

管理体系文件的合理性则要求结合检测工作的特点和管理现状,对本检验检测机构以往质量管理的经验加以总结,这样才能有效地指导检测工作。文件之间要做到层次清楚、接口明确,从第一层次文件质量手册可查询到相关的第二层次文件——程序文件,从第二层次文件——程序文件可查询到相关的第三层次文件(作业指导书、质量记录等),以保证文件结构合理、协调有序、接口严密、相互关联。文件在必要时允许有交叉,但逻辑性要强。

3. 有效协调的原则

管理体系文件应现行有效,即有利于减少、消除和预防质量问题的产生。出现质量问题时能及时识别并迅速纠正,使质量活动始终处于受控状态,始终满足国家和地方的法律法规及其他要求,保证管理体系的充分性和持续适用性。

4. 简便适用的原则

管理体系文件要在符合《通用要求》要求的前提下,遵循"最简单,最易懂,最易行"的原则编写,并保证管理体系文件的规定都能在实际工作中完全做得到,充分反映检验检测机构检测和管理工作的实际。编写管理体系文件时始终要考虑到可操作性,便于实施、检查、记录和追溯。

5. 全员参与的原则

管理体系文件是检验检测机构管理体系的文件化,为避免管理体系运行中的偏离,应确保各个岗位和单位(部门)的每一位员工都熟知自己应该做什么、如何做。实践证明,在编写的过程中始终坚持全员参与、"我写我做"的原则,认真听取一线员工的意见,充分调动他们的积极性和创新精神,上下反复沟通,融《通用要求》于检测工作的方方面面,才能保证管理体系文件的科学性、可操作性和有效性。

(二)编写方法

1. 自上而下的编写方法

自上而下的编写方法是按质量方针和目标、质量手册、程序文件、作业指导书、质量记录的顺序编写。此方法有利于上一层次文件与下一层次文件的衔接,对文件编写人员掌握《通用要求》和检验检测机构检测知识要求较高。用此方法编写文件所需时间较长。

2. 自下而上的编写方法

自下而上的编写方法是按基础性文件、程序文件、质量手册的顺序编写。此方法适用于原管理基础较好的检验检测机构,但如无文件总体方案设计指导,易出现混乱。

3. 两边扩展的编写方法

两边扩展的编写方法指先编写程序文件,再开始质量手册和基础性文件的编写。此方法的实质是从分析活动、确定活动程序开始,有利于《通用要求》的要求与检验检测机构的实际紧密结合。用此方法,可缩短文件的编写时间。

（三）文件编号规则

可按自己的习惯自定文件编号规则。为便于理解,本书均按工程检验检测机构的名称叙述。

1. 体系文件标识的代码组成

（1）单位代码。可以用单位的汉语拼音声母缩写"××JC"表示。

（2）文件类别代码。用文件类别的汉语拼音缩写"××"或"××××"表示:SC 为质量手册,CX 为程序文件,ZY 为作业指导书,JL 为记录表格。

（3）质量手册章节代码。用质量手册要求章节代码加阿拉伯数字"-1,-2,-3,…"表示。

（4）程序文件代码。用程序文件代码通用要求章节加阿拉伯数字"-1,-2,-3,…"表示。

（5）作业指导书代码。用程序文件代码加阿拉伯数字"-1,-2,-3,…"表示。

（6）记录表格代码。用程序文件代码或作业指导书代码或检测方法代码加阿拉伯数字"-1,-2,-3,…"表示。

（7）文件版本代码。用英文字母"A,B,C,…"表示。

（8）修改状态代码。用阿拉伯数字"/0,/1,/2,/3,…"表示修改次数,"0"表示没有修改。

（9）标准代码。用"B"表示标准代码。

（10）发布年号代码:用四位阿拉伯数字表示。

2. 文件的标识

（1）质量手册章节标识。如:××JC/SC-4.1-A/0-20××,表示"××"质量手册"4.1 组织"要求、A 版、未修改,20××年发布。

（2）程序文件标识。如:××JC/CX-4.5.3-1-A/0-20××,表示"××"程序文件"4.5.3 文件控制"要求、第 1 个程序文件、A 版、未修改、20××年发布。

（3）作业指导书类文件标识。如:××JC/ZY-4.4-2-1-A/0-20××,表示"××""4.4 设备设施"要求、第 2 个程序文件、第 1 个作业指导书、A 版、未修改、20××年发布。

（4）记录表格标识。如:××JC/JL-4.5.17-1-1-2-A/1-20××,表示"××""4.5.17 抽样控制"要求、第 1 个程序文件、第 1 个作业指导书、第 2 份记录表格、A 版、第 1 次修改、20××年发布。

如:××JC/JL-4.5.14-0-GB××××-2-A/0-20××,表示"××""4.5.14 方法控制"要求、GB××××、第 2 份记录表格、A 版、未修改、20××年发布。

3. 记录识别标识

记录表格填写上信息即形成记录。每个记录都要有唯一性标识。

三、编写质量手册

（一）概述

质量手册是检验检测机构根据其质量方针、质量目标对检验检测机构管理体系的总体概况进行描述,阐明检验检测机构的质量方针,阐述其管理体系中管理要求和技术要求的基本政策;明确检验检测机构对管理体系有影响的管理人员的职责和权限;明确管理体系中的各种活动的行为准则及具体程序。

(二)编制步骤

编制质量手册的具体做法不可强求一致。一般可采取下列工作步骤。

1.成立编写组织

通常由检验检测机构最高管理者、质量负责人、技术负责人、各有关单位(部门)主管领导参加,组成编写领导小组,负责质量手册编写的指导思想、质量方针、质量目标、手册整体框架和编写进度计划制订,手册编写中重大事项的确定和协调。

2.学习《通用要求》

检验检测机构的管理者、质量手册编写领导小组和写作班子的人员要深入学习,较系统、全面地掌握《通用要求》的要求,确定与所选定的管理体系标准相对应的管理体系要素。

3.确定格式结构

确定待编手册的格式和结构,列出相应的编写计划。

4.收集相关资料

广泛收集原始文件或参考资料,将《通用要求》的要求与本检验检测机构质量管理的经验相对照,或与原有的质量体系相对照,把符合标准或基本符合标准的做法及其规章、制度以及原有的体系文件经过必要的修改补充,纳入到新编制的质量手册中去。

5.落实单位(部门)

把采用的管理体系模式中规定的职能,具体落实到各职能单位(部门)。有些要素涉及多个单位(部门),应确定哪个单位(部门)是主办单位,哪个单位(部门)是协办单位。

6.编写手册草案

实际工作中首先由写作组提出一份手册编写的框架(包括颁发令、前言、目次、手册正文、手册管理使用规定、支持性文件目录的具体编写提纲、分工、进度等),经手册编写领导小组同意后,分工编制,写作组集体讨论、协调,经过几次讨论修改形成草案。

7.质量手册颁布

质量手册颁布前,应由检验检测机构质量负责人对其进行最后的审查,以保证其清晰、准确、适用和结构合理;也可以请使用人员对手册的适用性进行评定;然后由最高管理者批准颁布。

(三)结构内容

由于质量手册的内容涵盖的是基本要求,各检验检测机构的质量手册虽然格式不尽相同,繁简有别,但必须清楚、准确、全面、简要地阐明质量方针和控制程序,保证必要的事项得以合理安排。

1.封面

封面应清楚表明手册的名称、文件编号、编写、审核、批准人员,颁布日期,实施日期,受控章识别和颁布单位的全称。

2.批准页

批准页由最高管理者作为批准人签名颁布颁发令,阐明该文件的基本内容、适用范围、性质、作用及要求。

3. 修改页

质量手册是在检验检测机构管理体系建立和运行中不断完善和修改的,而文件的版本一般要续用一段时间后才能改版,用修订表的形式说明质量手册各部分完善和修订的状态,显示最新版本。修订表包括修订序号、修订章节条号、修订内容、修订时间、修改人、批准人、批准日期。修订表实例见表 4-2。

表 4-2　质量手册修订表

修订序号	对应的章、节、条号	修订内容	修改人	修订时间	批准人	批准日期

注:1. 受控质量手册的持有者应负责在收到修订页次后立即将旧页换下,并将旧页交文件管理部门。

　　2. 在资质认定评审时发现有的检验检测机构文件修订页在运行一段时间后仍然是空的,并不证明该检验检测机构所制定的文件没有问题,一般是该检验检测机构并未按体系文件运行。

4. 目录

可以按照《通用要求》章节顺序来编写手册的章、节、条号和页码(包括总页码),有助于评审员按照标准的要求来审查检验检测机构的管理体系。

5. 公正性声明

为了提高服务质量,维护客户合法权益,在确保诚信性与公正性的前提下,坚持客户至上的服务理念,创建一流的检验检测水平,树立良好的集体形象,检验检测中心根据《检验检测机构资质认定能力评价　检验检测机构通用要求》(RB/T 214—2017)和《检验检测机构诚信基本要求》(GB/T 31880—2015)的要求,特做如下声明:

(1)本中心具有独立的法律地位和独立开展业务的权力,其结果判定不受任何行政干预,不受经济利益或其他利益影响,保证能始终、持续地做出独立和完整的判断。

(2)本中心承诺依据国家有关法律、法规开展检验检测工作,建立和运行符合国家标准的质量体系,从组织机构和过程控制维护检验检测工作的客观性。

(3)本中心承诺检验检测工作严格按国家标准、技术规范和质量管理体系文件规定的程序、方法进行,保证检验检测数据准确,信守协议,优质服务,确保质量。

(4)本中心承诺对所有客户和各类检验检测均持一致、公正的服务,恪守第三方公正立场,独立开展检验检测工作,保证不受来自行政压力和经济利益干扰,对任何影响实验室技术判断的包括不正当的商业、财务和其他如行政的不良压力、利诱及商业贿赂进行抵制。

(5)本中心承诺要求全体职工严格秉公办事、坚持原则,保守国家秘密、商业秘密和技术秘密,对委托方的技术资料和数据保密,切实维护委托方的权益。本中心站在第三方公正立场,依据我国相关的法律、法规以及合同或契约的规定,依据国家标准、行业标准、地方标准、企业标准,诚信、公正、准确、及时地为客户提供现场检测、理化和微生物检测等方面的服务。

（6）本中心承诺要求全体职工不得与其从事的检验检测活动以及出具的数据和结果存在利益关系，不得参与任何有损检验检测判断的独立性的活动，不得参与和检验检测项目类似的竞争性项目有关的产品设计、研制、生产、供应、安装、使用或者维护活动。

（7）本中心承诺要求全体职工不准借工作之便谋取私利或从事有损于本中心公正形象的任何活动。

（8）本中心从事检验检测活动的人员承诺不得在中心以外的其他检验检测机构从事检测活动。

（9）本中心领导承诺不对检验检测工作进行干预，不给予财务、行政上的压力，建立反商业贿赂程序，确保检验检测数据、结果真实、客观、准确和可追溯，维护检验检测工作的公正性。

（10）本中心承诺承担向社会所提供的具有证明作用的数据和结果的法律责任，并接受社会监督和指导，欢迎提出改进意见和建议。

（11）本中心承诺严格按照《检验检测机构资质认定能力评价　检验检测机构通用要求》（RB/T 214—2017）、《检验检测机构资质认定管理办法》、《检验检测机构监督管理办法》等的要求建立质量管理体系，并及时对《质量手册》和《程序文件》更新换版，积极参与国家、省、市实验室水平检测和能力比对，并与这些实验室保持良好的接触和沟通，以不断提高检测水平和能力。

（12）本中心遵守国家相关法律法规的规定，遵循客观独立、公平公正、诚实信用原则，恪守职业道德，承担社会责任。

6. 检验检测机构概况

检验检测机构概况主要内容包括：

（1）检验检测机构名称、单位性质、法律地位、检验检测机构沿革。

（2）检验检测机构职能、检测领域、服务范围、工作业绩、检测手段和技术力量。

（3）管理体系描述。

（4）单位信息。检验检测机构地址、通信方式、业务往来及地点等。

（5）附件。

7. 标准及术语

（1）引用文件和标准。

（2）术语和缩写语。

国家标准中已有明确定义的不必再重复描述。仅对在本检验检测机构使用的有特殊含义的术语给出其定义，所使用的缩略语给出其全称。

8. 质量手册管理

（1）说明质量手册编制的负责部门和人员。

（2）规定质量手册审核、批准人员和发放范围。

（3）规定质量手册发放与回收的管理方式——受控和非受控。

（4）规定质量手册局部条款和文字需要更改时，必须履行的程序和审批手续。

（5）说明质量手册的宣传、培训、贯彻和检查。

（6）说明质量手册归口管理部门、解释部门、存档要求、复印和评审规定。

9. 管理体系要素描述

质量手册应根据《通用要求》对各要素的要求,对所选择的要素分章编写。建议在描述管理体系要素时,与《通用要求》的顺序保持对应的关系。对《通用要求》49 个要素中的某一具体要素的描述,其详细程度应覆盖《通用要求》中对该要素的全部要求。对每一个要素的描述,都要按照目的、适用范围、职责、要求、相关文件、相关记录(若需要)的层次顺序进行。

为使质量手册正文简练,可将与各章节有关的一些附表、附图作为附录列出,以便阅读者能迅速查阅所需部分的内容。

10. 支持性文件附录

可能列入的支持性文件资料有程序文件、作业指导书、技术标准及管理标准等。

总之,由于各检验检测机构主体不同,规模不一,以及服务对象、领域的差异,各章节主题设计、内容编排可以各具特色,不追求同一模式,以保持不同检验检测机构的特点,突出适用性。但应与上述基本内容和要求相吻合,以保证计量法规的一致性和管理的科学性。

(四)质量手册示例

【例 4-1】　质量手册中的"目录"(以表格形式)(见表 4-3)。

表 4-3　质量手册中的"目录"

××××检验检测机构质量手册	文件编号:××××-ZL-××××		
主题:目录	第 A 版第×次修订		
	颁布日期:××××年××月××日		
	实施日期:××××年××月××日		
	第×页　　共×页		
发布令 批准页 修订页 　　　　　　　　　　　目　　录 1　机构概述与管理职责 2　公正性说明与承诺 3　手册的管理 4　评审(管理)要求 4.1　机构 4.2　人员 4.3　场所环境 4.4　设备设施 4.5　管理体系 4.5.1　总则 4.5.2　质量目标 4.5.3　文件控制			

续表 4-3

4.5.4　合同评审
4.5.5　分包
4.5.6　采购
4.5.7　服务客户
4.5.8　投诉
4.5.9　不符合工作处置
4.5.10　纠正措施、应对风险和机遇的措施与改进
4.5.11　记录控制
4.5.12　内部审核
4.5.13　管理评审
4.5.14　方法的选择验证和确认
4.5.15　测量不确定度
4.5.16　数据信息管理
4.5.17　抽样
4.5.18　样品处置
4.5.19　结果有效性
4.5.20　结果报告
4.5.21　结果说明
4.5.22　抽样结果
4.5.23　意见和解释
4.5.24　分包结果
4.5.25　结果传送和格式
4.5.26　修改
4.5.27　记录和保存
4.6　评审特殊要求(适用时)
4.6.1　特殊要求(适用时)
4.6.2　食品机构评审补充要求(适用时)
4.6.3　刑事技术机构评审补充要求(适用时)
4.6.4　司法鉴定机构评审补充要求(适用时)
4.6.5　机动车安检机构评审补充要求(适用时)
4.6.6　医疗器械机构评审补充要求(适用时)
4.7　不同行业要求(适用时)
4.8　其他

四、编写程序文件

(一) 概述

程序是为进行某项活动或过程所规定的途径。程序不仅是实施一项活动的步骤和顺序,还包括对活动产生影响的各种因素。内容有活动或过程的目的、范围,以及由谁来做,在什么时间、地点做,怎样做以及其他相关的物质保障条件等。一个程序文件对以上诸因素做出明确规定,也就是规定了活动或过程的方法。

(二)编写要求

程序文件是对某项活动所规定的途径进行描述,但并非所有的活动都要制订程序文件,是否制订程序文件有两个原则:一是当《通用要求》中明确提出要建立程序文件时,必须制订;二是当活动的内容复杂且涉及的单位(部门)较多,使得该项活动在质量手册中无法表示清楚的,必须制订相应的支持性程序文件。

编写程序文件时应注意以下几点:

(1)按照管理体系文件化的原则,每个程序文件应包括管理体系的一个逻辑上独立的部分。一般对管理体系所选定的每一个体系要素的各项质量活动都应建立其程序,并应形成文件。

(2)程序文件与质量手册内容保持一致,程序文件之间要有必要衔接,但要避免相同内容在不同程序文件之间有较大的重复。

(3)程序文件应"该写到的要写到,写到的一定要做到",不要将不切合实际的做法写入程序文件,注意文件的可操作性。

(4)程序文件应明确规定各项工作的责任人或责任单位(部门),规定工作的接口方式,并按活动顺序规定工作步骤,规定应保留的记录。

(5)程序文件一般是在原有规章制度、工作流程的基础上修改、补充所成的,对已有管理制度中确需保留的办法可直接引用,但必须写明引用文件名、编号及引用条款,并纳入受控文件范围。

(6)程序文件一般不应涉及纯技术性的细节,需要时可引用作业指导书。

(7)一个检验检测机构究竟需要编制多少个程序文件,通常因检验检测机构规模、检测项目多少和管理的复杂程度而异。一般在能够实现控制的前提下,程序文件个数和每个程序文件的篇幅应越少越好。

检验检测机构的所有程序文件应规定统一的内容编制和格式,以便使用者熟悉、适应按固定方法编写的程序文件。在编制程序文件前,管理部门要认真设计并规定文件内容编排的格式,要求程序文件的起草者切实按规定编写,确保写出的程序文件在检验检测机构内部达到格式上标准化,内容上规范化,并便于检索阅读和有可操作性。

(三)基本结构

程序文件的基本结构主要是指程序文件格式和正文两部分。

1.程序文件格式

程序文件格式通常包括:封面、内封面、文头、文尾、修改页、正文。可在单份或整套文件前加封面,便于进行文件控制。

封面:工程检验检测机构管理体系文件、文件名称、检验检测机构名称。

内封面:检验检测机构名称、文件名称、文件编号、版本号、受控状态、编制人、审核人、批准人及日期、发放编号、颁布日期、实施日期。

文头:检验检测机构名称及文件类型、程序文件名称、文件编号、页码(第×页共×页)、版本号、修订次数、颁布日期、实施日期。本书提供了两种形式的文头示例,见表4-4、

表4-5。可以给每个程序文件单独编页码,这样在修订某个程序文件时,其程序文件的页码可以不变。一份程序文件往往由数页构成,可以每页都有文头,也可以只在第一页出现文头,在后续页上只在上部编制文件编号和页码。

修改页:修改单编号、修改标识、修改人/日期、审批人/日期、实施日期、修改内容等。

表4-4　程序文件表格文头示例

工程检验检测机构程序文件	文件编号:××JC-CX-××-1-A/0-20××
程序文件名称	第A版第×次修订
	颁布日期:××××年××月××日
	实施日期:××××年××月××日
	第×页 共×页

文头也可以用下面页眉示例的形式表述。页眉基本内容包括:文件类型(程序文件)、文件名称、文件编号、修订版次、页码和总页码五方面。这种形式简洁、实用,占用空间少,每一页都可以用此文头表述。

表4-5　程序文件文头的页眉示例

文件类型:程序文件 第×页 共×页
文件名称:文件控制序 第A版第×次修改　××JC-CX-××-1-A/0-20××

2. 正文部分内容

详细描述质量活动的过程,内容包括目的、适用范围、职责、工作程序、相关文件和记录表格六部分。

目的:说明程序所控制的活动(或过程)所要实现的目的。

适用范围:开展此项活动(或过程)所涉及的有关单位(部门)及相关人员。

职责:规定负责实施该项程序的单位(部门)或人员及其责任和权限。

工作程序:按活动的逻辑顺序描述开展活动的细节,明确输入、输出和整个流程中各环节的转换内容,即应明确活动(或过程)中人员(man)、设备(machine)、方法(method)、材料(material)、测量(measurement)和环境(environment)等方面应具备的条件,与其他活动(或过程)接口处的协调措施;明确每个环节的转换过程中各项因素是干什么(what),

为何干(why),由谁干(who),何时干(when),何处干(where),怎样干(how),即如何控制所要达到的要求,所需形成的记录、报告及相应签发手续等。注明需要注意的任何例外或特殊情况,必要时辅以流程图。

相关文件:列出与本程序相关的其他程序文件、作业指导书或有关标准/规范及编号。

记录表格:列出开展此项活动(或过程)用到或产生的记录表格名称及编号。

(四) 基本要求

1. 符合《通用要求》要求

(1)应覆盖管理体系要素及有关质量活动。

(2)能对所有的质量活动进行有效控制。

2. 与其他管理体系文件协调一致

(1)与质量手册内容保持一致。

(2)与其他管理性文件不相矛盾。

(3)与相关技术性文件不相矛盾。

(4)相互引用程序内容协调统一。

3. 适合于管理体系运作

(1)质量活动方式适合现行管理体系运作。

(2)人员的职责明确,权限清楚。

(3)各项活动所需的资源能得到保证。

(4)程序规定的要求在实际运作中都能够达到。

4. 逻辑上完整

(1)程序文件涉及管理体系中一个逻辑上独立的单位(部门)。

(2)按逻辑顺序对质量活动展开描述。

(3)对各项活动的描述有始有终,形成闭环。

5. 具有可操作性

(1)目的明确,方法清楚,切实可行。

(2)规定各项工作的责任人或责任单位(部门),并规定工作的接口方式。

(3)按活动顺序清楚地规定工作步骤。

(4)规定应保留的记录,为核查提供依据。

(5)措辞准确严谨,实现"唯一理解",执行时不引起混淆。

(五) 程序文件示例

【例4-2】　质量目标考核程序。

××××程序文件	文件编号:××JC/CX-4.5.2-1-A/0-20××
	第A版第×次修订
	颁布日期:××××年××月××日
质量目标考核程序	实施日期:××××年××月××日
	第×页 共×页

1　目的

为切实提高检验检测机构的检测工作质量和服务质量,完善质量体系,需定量考核质量目标,特编制本程序。

2　适用范围

本程序适用于检验检测机构质量目标的定量考核工作。

3　职责

3.1　质量负责人负责计划并组织质量目标的考核工作。

3.2　综合办公室负责接待和收集客户意见或投诉,做好记录;并负责质量目标的考核工作,负责相关记录的整理和归档。

4　工作程序

4.1　客户满意率

4.1.1　客户满意率主要通过收集客户对检验检测机构的工作的表扬或投诉,以及年终向客户征求意见的方式来定量评定。

4.1.2　综合办公室负责收集客户对检验检测机构工作的表扬或投诉以及征求客户意见的工作,统计出检验检测机构全年服务的客户数与征求意见中反馈为不满意的客户数,得出客户满意率,交质量负责人审核。

4.2　检测报告合格率

4.2.1　检测报告合格率主要通过收集客户对检测质量的投诉及内部质量体系审核或日常监督检查等方式对检测报告质量进行评定。

4.2.2　综合办公室每年底统计出全年发送出检测报告总数及因机构自身原因导致不合格的报告数,计算检测报告一次交验合格率,交质量负责人审核。

4.3　合同履约率

4.3.1　合同履约率以履约的合同数除以总签约的合同数来评定。

4.3.2　综合办公室每年年底应统计出全年签约合同总数及履约的合同数,计算合同履约率,交质量负责人审核。

4.4　报告交付及时率

4.4.1　报告交付及时率以及时交付的报告数除以总报告数来评定。

4.4.2　综合办公室每年底应统计出全年出具的总报告数以及及时交付的报告数,计算报告交付及时率,交质量负责人审核。

4.5　员工培训实现率

4.5.1　员工培训实现率以培训实现人数除以计划培训人数来评定。

4.5.2　综合办公室每年底应统计出全年计划培训人数及实际培训人数,计算员工培训实现率,交质量负责人审核。

4.6　上述质量目标考核出现不合格时,质量负责人应及时组织召开质量分析讨论会,分析原因,制订处理措施,并向公司经理报告,必要时开展管理评审,及时进行质量体系的改进和完善。

4.7　质量目标考核过程中的相关质量记录由综合办公室统一整理,按"记录程序"归档,保存期限不少于6年。

5　相关文件

5.1　《质量手册》。

5.2　《记录管理程序》××JC-CX-4.5.11-1-A/0-20××。

5.3　《内部审核程序》××JC-CX-4.5.12-1-A/0-20××。

5.4　《管理评审程序》××JC-CX-4.5.13-1-A/0-20××。

6　质量记录表格

6.1　《质量目标考核记录》××JC-CX-4.5.2-1-0-1-A/0-20××。

6.2　《客户满意度调查表》××JC-CX-4.5.7-1-0-1-A/0-20××。

【例4-3】　质量目标示例。

- 报告一次交验合格率≥98%。
- 顾客(客户)满意率≥98%。
- 合同履约率≥99.5%。
- 报告交付及时率≥98.5%。
- 员工培训实现率≥99%。

第三节　管理体系文件运行

一、概述

管理体系文件只要正式发布,就成为机构的法律法规,就必须全员贯彻学习,不打折扣地坚决执行,也就是要按所写的去做。

这里主要就质量负责人负责、主办或可能负责、主办的文件控制、档案建立、人员培训与人员监督、投诉处理做一简单阐述,其他内容分别在写、记、查、改部分叙述。

二、文件控制

(一)体系文件及其标识

1. 文件类型

文件是指信息及其承载的媒体。文件包括法律法规、标准、规范性文件、质量手册、程序文件、作业指导书和记录表格,以及通知、计划、图纸、图表、软件等。

检验检测机构内部制定的文件一般包括质量方针及质量目标等文件、质量手册文件、程序文件、检验检测方法所需的附加细则、设备操作和检测物品处置指导书、记录用表格、影响测量结果的各类清单和各类计划等。

检验检测机构外部的文件一般包括以标准发布的检验检测方法,知名的技术组织或有关科学书籍和期刊公布的方法,设备制造商指定的方法,各类标准数据手册,产品标准或产品技术要求,设备和供应品供应商提供的用户手册,溯源性服务机构提供的所有资料,客户提供的技术文件(如要求、招标书、物品处置说明和技术要求)等。

2. 文件控制要点

明确受控文件的范围。不是所有文件都要受控,仅是构成其管理体系的所有文件才要纳入受控范围。这些文件包括内部制定的文件和来自外部的文件。内部制定的文件如：质量手册、程序文件、作业指导书、记录表格等；来自外部的文件如：法律法规、规章、技术标准、外购的通用软件、参考数据手册、客户提供的方法或资料等。

3. 文件的批准、发布和使用的注意要点

（1）为确保文件的充分性和适宜性，纳入管理体系控制范围内的所有文件，在发布之前，应经授权人员审批后方能使用。授权应按职责权限做出明确的规定。

（2）为防止使用无效、作废的文件且便于查阅，应编制受控文件清单（能识别文件的更改和当前的修订状态，证明其现行有效）和文件分发的控制清单（便于查找）。文件受控不拘形式，重在控制的效果。

（3）为确保体系和技术的有效运作，在对有效运作起重要作用的所有作业场所，都能得到相应的、适用的授权版本文件（并不要求所有作业场所都能得到全部文件的授权版本）。"所有与工作有关的指导书、标准、手册和参考资料应保持现行有效并易于员工取阅"以及"应确保使用标准的最新有效版本"都与此要求相呼应。

（4）定期审查文件，必要时进行修订，修订后的文件须重新批准。对外来文件（特别是技术标准规范），要建立跟踪查新渠道，定期审查文件的现行有效性；对于内部制订的文件，当定期评审发现不适宜或不满足使用要求时，应及时修订。

（5）为了防止误用（意指非预期使用）无效或作废文件，应及时从所有使用现场或发放场所撤除这些文件，或用其他方法，如对无效文件或作废文件做适当的标识。尤其是技术标准汇编本，其中有些是现行有效文件，有些是无效作废标准，往往需通过标识加以区别。

（6）若出于法律需要（如文件变更引起法律诉讼）或只是保存目的而保留的作废文件，应有适当的标记。"适当的"在此意指能有效识别。

（7）制订的管理体系文件应有唯一性标识。唯一性标识的作用是区分不同文件并确保其完整性和有效性。标识方法多种多样，应选择简易有效的、适合自己的方法。如果有多份相同的标准，可采用分发编号加以识别和控制。

4. 文件变更控制的注意要点

（1）除非另有特别指定，文件的变更应由原审查责任人进行审查和批准。若有特别指定，被指定的人员应获得进行审批所依据的有关背景资料（如为什么变更、变更内容、原来如何规定等），以确保文件变更后的完整性以及与先前文件的协调一致性。

（2）若可行，更改的或新的内容应在文件或适当的附件中标明。例如，在文件内容变更的所在页的页脚增加"修订识别栏"，或在文件中加一附件"修订页"，标明更改或新增的内容。

（3）如果文件控制系统允许在文件再版之前对文件进行手写修改，则应确定修改的程序和权限。修改之处应清晰地标注，修订的文件应尽快地正式发布。由于有些文件再版往往周期较长，所以文件控制系统通常允许在文件再版之前对文件进行手写修改（但必须在文件控制程序中做出明确规定）。"手写修改"并非专指用手握笔进行修改，其真正含义是指"暂时性修改"。这种"暂时性修改"须做到：①明确修改的程序和权限；②修改之处应有清晰的标注，能识别修订人员和修订日期；③修订的文件应尽快地正式发布。

（4）根据计算机系统的特点，设置只读文件、网络传递的文件格式，设定修改权限等。

（二）体系文件控制示例

【例 4-4】 检验检测机构把新的文件代替旧文件，为方便管理使用同样编号，可否？

通常新旧文件不能使用同样编号,因为文件的唯一性标识的内容不同(如发放使用日期等)。

【例4-5】 为管理规范不易混乱,某检验检测机构将技术文件集中统一存放于管理部门,可否?

按照《通用要求》要求,在现场工作中所需的文件应易于获取;文件集中统一存放于管理部门做法不妥(除非有两套同样文件)。

【例4-6】 仪器带有计算机自校准程序,如何控制和使用这类文件?

应将计算机自校准程序与实物计量标准校准结果比对,以验证该程序满足使用要求。

【例4-7】 受控章示例。

目前,文件受控章各机构使用五花八门,在此举一示例供参考。

受控	
编号	
持有者	

(三) 文件控制案例

【例4-8】 审核组在现场样品检测考核时,见检验检测机构人员正在查阅专业方法标准合订本,检验检测机构负责人讲:合订本便宜,用起来方便,方法标准不保密,不受控,我们只盖检验检测机构公章放心使用。审核员翻了几本,果然干干净净,但发现有已被代替的作废标准。

分析要点:《通用要求》规定,检验检测机构应建立和保持控制其管理体系的内部文件和外部文件的程序,明确文件的批准、发布、标识、变更和废止,防止使用无效、作废的文件。现行有效合订本中随时会有被替代的作废标准,应盖"作废"章避免误用。标准方法虽公开发行,仍应受控,诸如加盖"受控"等手段,引起检验检测人员注意其"现行"和"有效"的要求。

三、档案建立

检验检测机构建立档案是一项基本制度。检验检测机构建立档案的个数不能少于"程序文件个数+1+X+Y"。"程序文件个数"是说有多少个程序文件就要建多少个档案,因为每个程序都是一个活动,只要开展活动就要留下证据。档案名就是把程序文件名中的"程序"改为"档案"即可。如"文件控制程序"对应的就是"文件控制档案"。若有28个程序文件就对应建28个档案,档案中运行的记录表格就用对应的程序文件规定的现行受控表格;"1"是外部评审的资料档案;"X"是人员档案数,有多少员工就要对应建多少具有唯一性标识的档案,从每个人档案资料中能反映出这个人的技术水平,应一人一档;"Y"是每台套(类)仪器设备档案数,是仪器设备的"生死"档案,与这台套(类)仪器设备有关的资料都要放入其中,应一机一档或一类一档。

四、服务客户与投诉处理

(一) 客户、服务客户和投诉的概念

客户是指接受产品的组织或个人,包括政府部门、司法机关、认证机构、检查机构、制

造商、生产厂家、委托人(代理人)、消费者、最终使用者、零售商、采购方。客户可以是外部的,也可以是内部的。

投诉是指任何机构或个人向某机构表达的,并希望得到答复的对该机构活动的不满。投诉,客户是主动的,检验检测机构是被动的。投诉是客户满意度低的常见表达形式。大部分投诉是对检测机构的产品"数据和结果"提出异议。

(二)服务客户的要点

(1)检验检测机构应建立和保持服务客户的程序,有为客户服务的意识,并制订具体为客户服务的措施。

(2)检验检测机构在允许客户进入检验检测现场时,应确保其他客户的机密不受损害,不会对检验检测结果产生不良影响以及人员的人身安全。

(3)检验检测机构应与客户保持良好的沟通,以便准确、及时地了解客户的需求。当服务发生延误或偏离时,应及时通知客户并达成理解。

(4)检验检测机构应采取多种方式收集客户需求并对收集到的信息进行分析,作为评价管理体系和改进的依据,必要时及时采取纠正和纠正措施。

服务客户不是仅指为客户提供检验检测服务,服务客户强调的是与客户的交流、配合、沟通与合作;强调的是检验检测机构应有为客户服务的意识,持续改进对客户的服务。"与客户或其代表合作"是服务客户的核心。它体现了以客户为关注焦点的原则,检验检测机构在整个工作过程中,应当与客户保持沟通与合作,通过沟通与合作可使检验检测机构深入、全面、正确地理解客户的要求,主动为客户服务。

客户的反馈意见是检验检测机构识别改进需求的重要信息。向客户征求反馈意见,使用并分析这些意见(无论是正面的还是负面的),有利于改进检验检测机构的整体业绩,可以改进检验检测机构的管理体系,改进检验检测机构的检验检测活动,改进对客户的服务。客户意见反馈的形式包括:客户满意度调查,请进来、走出去征求客户的意见,也可以与客户一起评价检验检测结果报告。主动为客户服务,允许客户或其代表合理进入检验检测机构的相关区域直接观察与其相关的检验检测,调查客户的满意度,与客户一起评价检验检测结果,从"过程控制"来说,是一种有效的外部监督,对提高检验检测机构的管理水平和技术能力有很大的促进作用。

(三)处理投诉的要点

(1)检验检测机构应有处理投诉的程序,程序中应明确对投诉登记、接收、立项、调查、处置等各环节的要求以及相关的责任部门与人员。

检验检测机构应指定专门部门和人员接待与处理客户的投诉。对客户的每一次投诉,均应按照规定予以处理。投诉可来自客户,也可来自其他方面(如知情者或利益相关方)。客户的投诉不管是书面的,还是口头的,不管是直接的,还是间接的,都应该接收,而后根据其是否与本检验检测机构负责的检验检测有关而决定是否受理。

(2)对投诉的人员、与客户投诉相关的人员,以及对投诉人的回复决定的审查和批准及送达通知的人员,应有采取回避措施的文件明确规定和具体措施。

(3)对检验检测机构的投诉属实,检验检测机构应分析查找根本原因,采取纠正或纠正措施,并书面通知客户。检验检测机构应了解处理投诉的有效性,以最大努力达到客户对投诉处理的满意。

　　受理后进行调查,判断其是否成立,必要时,要成立调查小组进行调查,或进行一次临时局部的内审。调查结果可能有两种情况:一种是检验检测机构的责任,也就是说投诉成立或是有效投诉,应立即执行纠正程序,调查发生投诉的根本原因,采取纠正或纠正措施、书面通知客户并承担赔偿损失责任等。另一种是客户原因,即投诉不成立或无效投诉,也应按照规定及时受理,与客户充分沟通,了解其投诉的本意和需求,向客户耐心细致地解释清楚,并书面答复客户。

　　(4)检验检测机构应保存投诉记录,包括书面投诉、口头、电话或其他形式的投诉均要记录在案。投诉处理的情况要作为重要因素输入管理评审系统。

(四)服务客户与处理投诉的示例

【例4-9】　客户满意度调查表(见表4-6)。

表4-6　客户满意度调查表

填写日期	年　月　日	填写方式	请在□内打√;请在□内打×; 或用笔填写具体说明
服 务 部 门	工作时是否使用礼貌用语? □是 □否		
	工作时是否提出过与工作无关的不合理要求? □有 □无		
	您对办事人员服务是否满意? □满意 □基本满意 □不满意		
检 测 部 门	检测人员是否按照委托合同、规范要求进行检测作业? 　　　　　　　　　　　　　　　□××检测 □××检测 □××检测		
	检测过程中是否存在吃、拿、卡、要的现象? 　　　　　　　　　　　　　　　□××检测 □××检测 □××检测		
	检测过程中是否有故意刁难的现象? 　　　　　　　　　　　　　　　□××检测 □××检测 □××检测		
建 议	感谢您对我们工作的支持,请您留下您宝贵的意见和建议,以便我们更好地为您服务。		
联 系 方 式	您的姓名:　　　　　　　　　　　工作单位: 您的电话:　　　　　　　　　　　您的E-mail:		

第四节　体系文件运行记录

一、记录定义与特性

(一)记录定义

记录是阐明所取得的结果或提供所完成活动的证据的文件。

记录是检验检测机构的产品"数据和结果"满足质量要求和质量活动可追溯的依据,是管理体系有效运行的客观证据,为采取纠正措施和应对风险和机遇的措施及管理体系改进提供重要信息。

(二)记录特性

(1)客观证据性。记录是阐明所取得的结果或提供所完成活动的客观证据,可用于提供检验检测机构管理体系运行和技术运作满足规定要求的客观证据。

(2)可追溯性。记录可用于追溯被检验检测物品的抽样、处置和运输、接收,以及在检验检测机构内部的流转和使用情况。

(3)可重复性。记录可用于在尽可能接近原条件的情况下,确保能够重复已完成的检验检测活动。

因此,能够满足客观证据性、可追溯性和可重复性的记录,其信息就是充分的;反之,信息则是不充分的。

二、记录管理

(一)记录的控制

检验检测机构应建立、实施和保持记录管理程序,规定归口管理职能部门,并包括(但不限于)质量记录和技术记录的识别标识、表格编制、填写、收集、更改、索引、存取、存档、存储、维护和清理等程序。

"记录"包括管理体系运行记录和技术运作记录。

管理体系运行记录包括质量手册组成要求所需的程序文件的实施记录。质量手册规定的管理要求包括(但不限于):《通用要求》和适用的其他通用要求、法定管理机构和法律法规的要求、与客户签署的合同和检验检测方法等。质量记录是管理体系运行如内部审核、管理评审、纠正措施和应对风险和机遇的措施的客观证据。

技术运作记录包括:验证检验检测机构符合合同规定及检验检测活动符合检验检测方法、满足法定管理机构及客户或合同要求的所有记录。技术记录是进行检验检测所得数据和信息的累积,表明检验检测是否达到了规定的质量或规定的过程参数的客观证据。技术记录包括(但不限于):测量设备获取的原始观察记录、数据转移及检查记录和导出数据、检验检测记录、员工记录及《检测报告》或《校准证书》的副本,此外还应包括抽样人员、每项检验检测的操作人员和结果校核人员的签名或标识。每项检验检测的记录应包含充分的信息,具有客观证据性、可追溯性和可重复性,以便识别不确定度的影响因素,或分析不符合项或潜在不符合项的原因,或在尽可能接近原条件的情况下确保能够重复该检验检测活动。

记录可以保存在任何形式的载体上,例如硬拷贝或电子媒体。所有的记录应达到:清晰明了、信息充分、真实客观、记录及时、修改规范、易于识别、存取方便、按期保存、保存适宜、安全保密等要求。

记录保存期限应同时满足行业规定、标准规定和《通用要求》规定。

(二)编制质量记录表格

记录表格作为检验检测机构管理体系文件的有机组成部分,是记录的载体。记录贯穿于质量管理活动和检测报告形成的全过程,在管理体系运行过程中发挥着极其重要的作用。质量记录也如实地反映了管理体系中的每一要素、过程和活动的运行状态和结果,为评价管理体系的有效性,验证质量改进活动,进一步建立健全管理体系提供了客观的证据。

记录表格要有合订本与目录,应有文件名称、文件编号、编制人、审核人、批准人、批准日期、实施日期等信息,合订本应和质量手册、程序文件一样形式打印装订成纸质文件并受控。

1. 编制质量记录表格的要求

记录表格的设计和正确使用集中表明了检验检测机构的管理水平和技术水平,是管理体系正常运行的有力证据,也是证明检测结果准确、可靠的第一手证据。在实际工作中经常出现怕麻烦,做了工作不填表的现象,接受外部评审时不能提供相关证据。因此,在记录表格设计上应力求信息全面且使用方便。

汇总所有记录表格,组织有关职能部门进行审核。审核时,应从管理体系的整体性出发,重点在各表内在联系和协调性、表格的统一性和内容的完整性。审核并做相应修改后,报最高管理者或技术负责人或质量负责人批准、颁布。

并不是每个岗位都要用到全部记录表格,如作为附录放在程序文件后面,不仅增加程序文件页码,且修订时全部需要更换,既造成浪费又不便于文件受控。所有记录表格应统一编号编制目录并汇编成册,由综合办公室负责按受控文件管理,发放至最高管理者、技术负责人、质量负责人及相关单位(部门)。必要时,对某些较复杂的记录表格要规定填写说明。

2. 质量记录表格示例

检验检测机构一定要依据实际情况,建立符合自己检验检测机构的记录表格体系。记录表格体系建立起来运行后,要进行审批和试用。在试用中可能会发现某些内容或格式以及编排,不符合实际情况或者使用起来并不方便,结合使用中发现的问题,进行改进,形成自己的模式。

【例4-10】　质量记录表格目录。

质量记录表格目录

记录表格编号	记录表格名称
××JC-JL-001-20××	公正性和行为准则执行情况检查计划表
××JC-JL-002-20××	来访人员出入登记表
××JC-JL-003-20××	借阅保密资料申请表
××JC-JL-004-20××	监督计划表
××JC-JL-005-20××	监督记录表
××JC-JL-006-20××	仪器设备周检情况检查表
××JC-JL-007-20××	客户满意度调查表
××JC-JL-008-20××	发文审批登记表
××JC-JL-009-20××	收文登记处理表
××JC-JL-012-20××	受控文件目录
××JC-JL-013-20××	受控文件发放回收登记表
××JC-JL-014-20××	印章施印登记表
××JC-JL-015-20××	会议签到表
××JC-JL-016-20××	会议记录表
××JC-JL-017-20××	文件销毁登记表
××JC-JL-018-20××	分包申请表
××JC-JL-019-20××	分包方能力评审表
××JC-JL-020-20××	合格分包方名单
××JC-JL-021-20××	服务供应品购置申请表
××JC-JL-022-20××	服务供应品采购计划表
××JC-JL-023-20××	仪器设备验收表
××JC-JL-024-20××	服务与供应商评价表
××JC-JL-025-20××	合格服务与供应商名单
××JC-JL-026-20××	合同评审表
××JC-JL-027-20××	合同台账
××JC-JL-030-20××	桩基检测合同
××JC-JL-032-20××	投诉登记表
××JC-JL-033-20××	投诉调查和处理记录表
××JC-JL-034-20××	不符合检测工作记录表
××JC-JL-035-20××	纠正措施表

××JC-JL-036-20××	应对风险和机遇的措施表
××JC-JL-037-20××	记录销毁审批登记表
××JC-JL-038-20××	内部审核计划表
××JC-JL-039-20××	内部审核日程安排表
××JC-JL-040-20××	内部审核检查表
××JC-JL-041-20××	内部审核不符合项报告
××JC-JL-042-20××	内部审核记录表
××JC-JL-043-20××	内部审核报告
××JC-JL-044-20××	管理评审计划表
××JC-JL-045-20××	管理评审报告

【例 4-11】　"三废"处理登记表格(见表 4-7)。

表 4-7　"三废"处理登记表

序号	处理废弃物名称	处理数量	处理方式	处理日期	经办人	处理部门/委托处理单位	备注

　　通常,记录的主要载体是表格。"表格"是指用于记录管理体系所要求的信息的文件。表格填写了所要求的信息就生成了记录。通常,计划类和清单类表格生成的记录是特殊类型的记录,属于受控文件的范畴,需要控制版本,其他记录不需要控制版本。

　　记录信息的充分性表现在两个方面:其一,表格信息栏目设置的充分性,如检验检测方法要求记录 10 项信息,表格仅设置了 8 项信息栏目,这种信息不充分是负责表格设计的技术人员的责任;其二,信息填写的充分性,如表格设置 10 项信息栏目,岗位员工仅填写了 9 项,这种信息不充分是岗位员工的责任。

　　许多检验检测机构对记录信息的充分性及其法律责任的认识存在不足,导致技术记录不能反映检验检测活动的真实情况,记录信息是完成检验检测方法活动规定的客观证据。

第五节　体系文件运行检查

一、内部审核

(一) 内审实质

管理体系内部审核是检验检测机构的重要质量活动,是实现持续改进的关键措施。检验检测机构必须给予充分重视。内部审核(简称内审)的目的:一是对管理体系进行符合性检查。所谓符合性,是指管理体系文件与《通用要求》之间的符合性以及检验检测机构行为与其文件规定之间的符合性,故简称"文-文符合性"和"文-行符合性"。二是为改进管理体系创造机会,管理体系初建时也许很完善,但随着时间的推移、形势的发展、社会的进步可能会逐渐产生不适应的情况,检验检测机构需要及时发现这些不适应之处,为改进管理体系创造机会。三是在外审时,有助于减少不符合项,便于通过审核。"内部审核"一词源自国际标准,用中国人习惯的语言表述,其实就是对本单位工作的"自我检查",如"卫生工作大检查""安全工作大检查"等,只不过检查的对象是质量管理工作。内审是一种周期性的活动,一般应该一年两次,至少每年一次。外审前应安排一次全面内审,这对顺利通过外审大有裨益。而当出现严重不符合、重大质量事故、客户重大投诉时还应追加审核。内审是有计划的活动,检验检测机构应制订内审的年度计划和具体的审核日程表,质量负责人应按领导层的决策,策划和组织实施内审。内审应是系统的、全面的,每一个部门、每一个区域、每一个要素、每一个项目都应加以审核,不应留有"死角"。不过在具体实施时可以分区域、分部门、分专业进行,这称为"滚动式"审核;反之,则称为"集中式"审核。

(二) 内审流程

内审通常可以分为五个阶段:

(1)策划和准备阶段。

(2)现场审核阶段。

(3)编制审核报告阶段。

(4)制订和实施纠正措施阶段。

(5)跟踪和验证阶段。

下面分别对这五个阶段的工作进行说明。

1. 策划和准备

1)内审策划

对于一个过程来说,策划是非常重要的,成功的策划可以达到事半功倍的效果。

(1)审核的重点。内审虽然应该是全面的、系统的,但是也是有重点的。内审之前,检验检测机构领导需要对本检验检测机构的总体情况有一个基本的估计,因此不妨明确需要重点审核的部门、区域、岗位、要素、项目,而不一定平均分配审核资源。

(2)审核的人员。审核组主要由本检验检测机构的内审员组成,内审员不应审核自己所从事的活动或自己直接负责的工作,但要对所审核的活动具备充分的技术知识,并要求专门接受过审核技巧和审核过程方面的培训。所以,内审员的人选和分工需要精心策划。在人力资源缺乏的情况下,检验检测机构聘请外审员、技术专家或咨询机构协助进行内审,也未尝不可。

(3)审核的时机。审核应该选在检验检测机构员工比较集中的时间进行,人员缺席过多,会影响审核的效果。

(4)审核的模式。内审通常是集中式审核或滚动式审核,所以可以将审核模式与审核时机结合起来考虑:若人员难以聚齐,就采取滚动式审核,其好处是机动性强;若人员可以聚齐,则采取集中式审核,其好处是审核效率高。但无论集中式审核还是滚动式审核,一年之内都要将所有区域、部门、要素至少覆盖一遍。

(5)检查表的详略程度。审核检查表实质上就是内审的作业指导书,其编写的详略程度取决于内审员对准则的熟悉程度以及具备的审核经验,并非必须一成不变。检验检测机构可以根据情况决定编制审核表的详略程度。

2)内审准备

(1)编制审核年度计划和审核日程表。

(2)年度计划的样式和内容都很简单,可以制成表格,也可用文字叙述,包括拟审核日期、部门、区域、岗位、要素、审核人员、要求及注意事项等。审核日程表可用两种形式编制:按部门审核或按要素审核。

【例4-12】　某检验检测机构20××年第一次内部审核日程表(见表4-8)。

2.编制检查表

本书已提到检查表实质上是内审的作业指导书。对于初次进行内审的检验检测机构或初次参加内审的审核员来说,编写一个详细的检查表是很有益处的。

在编制该表格之前,审核人应该进行文件评审并了解过去内审和外审发现的不符合项情况,根据关键问题制定检查表。

编制检查表的过程也是对准则条文理解和熟悉的过程,对于初次参加评审的人员是一个很好的实践机会,应充分利用这一机会。编好检查表对于保证审核质量、提高审核效率很有帮助。

【例4-13】　某检验检测机构内部审核检查表。

(1)按部门内部审核检查表(见表4-9)。

(2)按《通用要求》条款顺序内部审核检查表(见表4-10)。

表 4-8　日程安排表

审核时间	年 月 日—	年 月 日	审核资料地点	机构会议室
参评人员	内审组长:××× 内审组成员:××、×××、×××			
日程安排	7月7日 08:30~09:30	首次会议: 　会议由内审组长主持,办公室人员做记录; 　参会人员:全体员工; 　会议内容:①由内审组长介绍内审组成员、确认审核准则、审核范围、说明审核程序、解释相关细节;②确定时间安排;③明确末次会议参会人员等		
	7月7日 09:30~12:00	现场审核检测室(1)		
	7月7日 14:30~16:30	现场审核检测室(2)		
	7月7日 16:30~17:30	内审组内部会议:交流当天审核情况,评价、分析审核发现,确定哪些应报告为不符合项,哪些作为改进建议		
	7月8日 08:30~10:00	现场审核办公室		
	7月8日 10:00~12:00	质量手册、人员档案、设备档案、管理记录等审核。 检查前一次内审的不符合项在本次内审中是否再度发生。 前一次管理评审提出的整改措施是否完成。 内审员填写《不符合项报告》,讨论内审结论,形成《内部审核报告》初稿		
	7月8日 14:30~16:00	内审组与受审核单位(部门)沟通: 　汇报内审情况,提出不符合项和改进建议。 　将《不符合项报告》提交被审核单位(部门)确认,商定纠正措施完成时间		
	7月8日 16:00~17:30	末次会议: 　由内审组长报告观察记录,宣读《不符合项报告》,提出纠正措施或应对风险和机遇的措施要求完成日期,就机构实际运作与管理体系的符合性报告内审组的结论。 　相关人员发言,机构主任发言		
审核人员	内审组长	×××		
	组员	××、×××、××、×××		
受审单位及岗位	检测室(1)、检测室(2)、办公室(包括领导层的最高管理者、技术负责人和质量负责人岗位)			
审核类型	现场审核、资料审核			
编制人	×××	日期	年 月 日	
批准人	×××	日期	年 月 日	

表 4-9 按部门内部审核检查表

审核部门	样品室		负责人	李××
审核要素				
内审员	张×赵×		陪同人员	孙×
			审核日期	20××-07-07
序号	审核内容和要求	审核方法	审核记录	
4.2.1	机构是否规定了样品管理员职责	查阅管理体系文件,是否明确样品管理员的岗位职责;请 2 名样品管理员讲述主要内容及工作流程		
4.5.18	1. 机构是否建立和保持样品管理程序,样品的管理程序是否具有完整性、适宜性	查阅管理体系文件,本中心是否制定样品管理程序		
	2. 样品管理程序是否包含保护样品的完整性并为客户保密	程序是否包含了样品的运输、接收、处置、保护、存储、保留和保密等内容或清理并为客户保密等内容		
	3. 机构是否有样品的标识系统,并在检验检测整个期间保留该标识	1. 查阅管理体系文件,本中心样品标识系统规定是否明确; 2. 在样品接收处抽 3～5 种样品,查看未流转标识是否有一一对应标识; 3. 观察 3～5 种样品上是否有标识,该标识在制备、流转、检测、本中心内外部传递过程中是否有转移并保护一致; 4. 观察样品系统是否包含样品群组的细分		
	4. 在接收样品时,是否记录样品的异常情况或记录对检验检测方法的偏离,当对物品是否适合于检测存有疑问,或对所提供的描述,或当物品不符合所要求的检测规定得不够详尽时,机构是否在开始工作之前向客户询问,以得到进一步的说明,并记录下讨论的内容	随机抽 5～10 份,附在检测报告后的样品流转单上: 1. 检查样品委托书内容是否完整,样品状态描述是否准确; 2. 当物品是否适合于检测存有疑问,或当物品不符合所要求的检测规定得不够详尽时,或对物品提供的描述,是否记录了与客户讨论的内容		

续表 4-9

审核部门 审核要素		负责人 陪同人员	李×× 孙×
样品室	5. 样品在运输、接收、流转、制备、处置、存储过程中是否予以控制和记录	1. 随机抽取 5～10 份附在检测报告后的样品流转单： (1) 检查流转时间是否吻合，与样品流转汇总表内容是否相符； (2) 样品流转汇总表内容是否完整； (3) 检查样品委托书内容是否完整，样品状态描述是否准确； (4) 客户领回样品是否按规定办理手续； (5) 留样取出有无审批手续。 2. 检查样品室样品存放是否按规定进行，易燃易爆、易挥发、腐蚀性、需低温防爆样品存储保管是否合适，询问样品管理员如何避免样品间相互影响； 3. 各检测室、样品管理室是否有专门样品存放区域；检查各检测室样品有无随意存放现象，检查样品是否及时收回（包括样品用完的外包装）； 4. 请样品管理员找出几个样品的保留样和检毕样品； 5. 保护样品完整性，检查样品有无丢失，有无挪作他用； 6. 检查各检测室和样品管理员是否按规定处理，是否有审批及处理记录； 7. 检查本中心与验余样品、废弃物处理单位的协议单以及有关来往凭证	
4.5.18	6. 当样品需要存放或养护时，是否保持、监控和记录环境条件	随机抽查 3～5 份样品需在特定环境下存放或在一定条件下养护监控，记录这些条件的记录	

注：1. 不符合类别：管理体系文件未覆盖机构适用的《管理办法》《通用要求》和标准的相关要求，或管理体系文件不符合机构的实际情况，为体系性不符合；管理体系文件已覆盖机构适用的《管理办法》《通用要求》和标准的相关要求并实施，但运行中未按其要求去实施或实施不规范，为实施性不符合；管理机构适用的《管理办法》《通用要求》和标准的相关要求并实施，且实施未达到要求的预期效果，为效果性不符合。

2. 不符合程度：体系性不符合，指未按要求去实施的实施性不符合，或和管理体系文件及检验检测方法产生怀疑的不符合，即区域性的不符合，或对检验检测结果连续失控产生的不符合，为严重不符合；和管理体系运作的不符合，或怀疑《检验检测报告》所列结果问题的不符合，为质量问题存在质量问题的不符合，为严重不符合；效果性不符合，为一般不符合。

3. 不符合、基本符合改项，应在审核栏记录栏内把事实描述清楚并说明不符合类别。

表 4-10 内部审核检查表

序号	评审内容	评审要点	评审记录	评审意见				整改项及说明
				符合	基本符合	不符合	不适用	
4	要求							
4.1	机构							
	检验检测机构应是依法成立并能够承担相应法律责任的法人或者其他组织。检验检测机构或者其所在的组织应有明确的法律地位,对其出具的检验检测数据、结果负责,并承担相应法律责任	1. 检验检测机构的法人登记、注册证书(营业执照)文件是否由相关行政主管部门核发,是否处于有效期内。 2. 资质认定证书所用名称、地址是否与法人登记及注册文件一致。 3. 登记、注册文件中的经营范围是否包含检验、检测或者相关表述,是否有影响其检验检测活动公正性的诸如生产、销售等经营项目。 4. 检验检测机构是否具备承担法律责任的能力,在发生检验检测结果出现错误和其他后果时,能否承担经济赔偿责任						
4.1.1	不具备独立法人资格的检验检测机构应经所在法人单位授权	1. 非独立法人检验检测机构,其所在的法人单位是否依法成立并承担法律责任。 2. 该检验检测机构在其法人单位是否有相对独立的运行机制。 3. 是否提供所在法人单位对检验检测机构的"独立开展检验检测活动,独立建立、实施和保持管理体系"的法人授权文件。 4. 非独立法人检验检测机构所在的法人单位的,是否由法定代表人不担任检验检测机构管理层的,是否由法定代表人对管理层进行授权						

续表 4-10

序号	评审内容	评审要点	评审记录	评审意见				整改项及说明
				符合	基本符合	不符合	不适用	
4.1.2	检验检测机构应明确其组织结构及管理、技术运作和支持服务之间的关系。检验检测机构应配备检验检测活动所需的人员、设施、设备、系统及支持服务	1. 检验检测机构的组织结构图是否清楚表明了其管理体系职责的分配,非独立法人的检验检测机构是否通过组织结构图表明了与其他部门的关系,说明其独立运作。 2. 检验检测机构是否设置质量管理,技术管理,是否清楚表达了三者之间的关系。 3. 质量管理要求是否融入技术运作中,是否能控制技术运作有效运行,行政管理是否能为技术运作过程提供支持和服务,管理体系文件是否覆盖了《检验检测机构资质认定能力评价检验检测机构通用要求》(RB/T 214—2017)中质量管理,技术管理和行政管理的要求。 4. 检验检测机构管理体系职责是否落实,质量管理、行政管理和技术管理之间关系是否明确,过程接口是否清晰,是否形成相互协调的系统的管理体系。 5. 检验检测机构是否配备检验检测活动所需的人员,设施,设备,系统及支持服务						
4.1.3	检验检测机构及其人员从事检验检测活动,应遵守国家相关法律法规的规定,应遵守信用原则,客观独立、公平公正,诚实信用,恪守职业道德,承担社会责任	1. 检验检测机构及其人员是否向社会公布其"遵守国家相关法律法规的规定,客观公正、公平公正,诚实信用,恪守职业道德,承担社会责任"的承诺。 2. 管理体系文件中是否明确上述承诺,并采取措施履行承诺。 3. 检验检测机构是否形成了公正诚信体系?是否落实责任并得到实施						

续表 4-10

序号	评审内容	评审要点	评审记录	评审意见				整改项及说明
				符合	基本符合	不符合	不适用	
4.1.4	检验检测机构应建立和保持维护其公正和诚信的程序。检验检测机构及其人员应不受来自内外部的、不正当的商业、财务和其他方面的压力和影响,确保检验检测数据、结果的真实、客观,准确和可追溯。检验检测机构应建立识别出现公正性风险的长效机制。如识别出公正性风险,检验检测机构应能证明消除或减少该风险。若检验检测机构所在的组织还从事检验检测以外的活动,应识别并采取措施避免潜在的利益冲突。检验检测机构不得使用同时在两个及以上检验检测机构从业的人员	1. 检验检测机构是否建立了保证其公正和诚信的程序,是否识别了影响公正和诚信的风险,并采取措施进行控制,管理职责是否落实,控制是否有效。 2. 检验检测机构的工作人员是否了解公正和诚信的控制要求,采取哪些措施保证检验检测数据与结果的真实性、客观性、准确性和可追溯性。 3. 非独立法人的检验检测机构,其所在组织还从事检验检测以外的活动时,该机构是否做到独立运作,与其他部门或岗位的关系是否影响判断的独立性和诚实性。 4. 检验检测机构是否有文件明确规定不录用同时在两个及以上检验检测机构从业的检验检测人员,是否存在兼职人员						
4.1.5	检验检测机构应建立和保持保护客户秘密和所有权的程序,该程序应包括保护电子存储和传输结果信息的要求。检验检测机构及其人员应对其在检验检测活动中所知悉的国家秘密、商业秘密和技术秘密负有保密义务,并制定和实施相应的保密措施	1. 检验检测机构是否建立了保护客户秘密和所有权的程序,该程序是否包括保护电子存储和传输结果信息的要求,或者有其他保护电子存储和传输结果信息的程序。 2. 检验检测机构及其人员是否对在检验检测活动中所知悉的国家秘密、商业秘密和技术秘密负有保密义务,并制订和实施相应的保密措施。 3. 是否进行宣贯。 4. 检测活动中是否得到有效实施						
4.2	人员							

续表 4-10

序号	评审内容	评审要点	评审记录	评审意见				整改项及说明
				符合	基本符合	不符合	不适用	
4.2.1	检验检测机构应建立和保持人员管理程序，对人员资格确认、任用、授权和能力保持等进行规范管理。检验检测机构应保持人员建立劳动、聘用或录用关系与其人员的岗位职责、任职要求和工作关系，使其满足岗位要求并具有所需的权力和资源，实施、履行建立、保持和持续改进管理体系的职责。检验检测机构中所有可能影响检验检测活动的人员，无论是内部人员还是外部人员，均应行为公正，受到监督，胜任工作，并按照管理体系要求履行职责	1. 检验检测机构是否建立人员管理程序，是否对人员的资格确认、任用、授权和能力保持等进行规定，要求是否明确，是否得到执行。 2. 检验检测机构人员的数量和能力是否满足所申请检验检测能力的需要，尤其是技术人员的资质和能力是否胜任所从事的检验检测工作，是否经过能力确认后上岗。其他的管理人员和关键支持人员是否胜任本岗位工作。 3. 检验检测机构人员是否均签订了劳动合同或录用通知，建立了劳动或录用关系。 4. 技术人员和管理人员是否有岗位说明，规定了岗位职责、权限和任职要求以及与其他岗位的工作关系；技术岗位和管理岗位人员，是否了解自身的岗位职责和任职要求，是否具备所需的权力和资源履行其职责，对管理体系文件中的要求是否掌握并执行。 5. 在管理体系中的兼职人员，如设备管理员、样品管理员等，其岗位职责是否明确规定，是否胜任工作。 6. 检验检测机构中所有可能影响检验检测活动的人员，无论是内部还是外部人员，是否行为公正，受到监督，胜任工作，并按照管理体系要求履行职责						

续表 4-10

序号	评审内容	评审要点	评审记录	评审意见				整改项及说明
				符合	基本符合	不符合	不适用	
4.2.2	检验检测机构应确定全权负责的管理层,管理层应履行其对管理体系的领导作用和承诺: (1) 对公正性做出承诺; (2) 负责管理体系的建立和有效运行; (3) 确保管理体系所需的资源; (4) 确保制定质量方针和质量目标; (5) 确保管理体系要求融入检验检测的全过程; (6) 组织管理体系的管理评审; (7) 确保管理体系实现其预期效果; (8) 满足相关法律法规要求和客户要求; (9) 提升客户满意度; (10) 运用过程方法建立管理体系和分析风险、机遇	1. 检验检测机构的管理层是否了解在管理体系中应承担的责任和做出哪些承诺。 2. 管理层是否清楚为什么由管理层批准发布质量方针和目标,是否了解管理体系的目的。 3. 管理层在管理体系中应承担哪些职责,提供这些相关客观证据。 4. 管理层是否理解"确保管理体系要求融入检验检测的全过程"和"运用过程方法建立管理体系和分析风险、机遇"的要求。 5. 管理层是否亲自主持管理评审,是否了解管理评审的目的,管理评审输入的内容是否充分,管理评审做出的决定是否得到实施						

续表 4-10

序号	评审内容	评审要点	评审记录	评审意见				整改项及说明
				符合	基本符合	不符合	不适用	
4.2.3	检验检测机构的技术负责人;质量负责人应具有中级及以上专业技术职称或同等能力,全面负责技术运作;质量负责人应确保管理体系得到实施和保持;应指定关键管理人员的代理人	1. 检验检测机构技术负责人的专业能力是否能覆盖各专业领域,资格(学历或者职称)是否符合要求,对管理体系要求是否熟悉。是否了解技术负责人在管理体系中的作用,是否能胜任全面负责技术运作的职责,是否具有相应的能力和权限。 2. 检验检测机构是否赋予质量负责人职责和权力,使其能够确保管理体系得到实施和保持。质量负责人是否了解自身的职责和权限,对管理体系要求是否展开行职责,对管理体系要求是否理解和掌握。 3. 当检验检测机构主要管理人员(管理层,技术负责人,质量负责人)不在时,是否指定代理人,用什么方式规定指定代理人,确保检验检测机构的各项工作持续正常的进行。 4. 同等能力:①博士生毕业,从事相关检验检测工作1年及以上;②硕士研究生毕业,从事相关检验检测工作3年及以上;③大专毕业,从事相关检验检测工作5年及以上。③本科毕业,从事相关检验检测工作8年及以上。 注意:检验检测工作经历;查社保缴纳记录						

续表4-10

序号	评审内容	评审要点	评审记录	评审意见				整改项及说明
				符合	基本符合	不符合	不适用	
4.2.4	检验检测机构的授权签字人应具有中级及以上专业技术职称或同等能力，并经资质认定部门批准，非授权签字人不得签发检验检测报告或证书	1. 授权签字人是否具备授权范围内的技术能力，可查阅其个人履历，了解其专业能力和工作经历是否满足授权签字人的要求，是否具有相应职责权限签发检验检测报告或证书。对检验检测方法的理解是否准确，对检测设备和量值溯源是否了解，对检验检测结果正确与否是否具备能力判断能力等。 2. 授权签字人对检验检测机构质资认定管理办法和通用要求是否了解和掌握，对出具报告和/或证书使用用标识和专用章的要求是否了解，签发报告是否正确可靠。 3. 抽查发出的报告或证书，检查是否均由授权签字人在其授权的技术领域内签发，标识和专用章的使用是否合规，是否存在非授权签字人签发报告。 4. 同等能力：①博士毕业，从事相关检验检测工作1年及以上；硕士研究生毕业，从事相关检验检测工作3年及以上。②本科毕业，从事相关检验检测工作5年及以上。③大专毕业，从事相关检验检测工作8年及以上。 注意：检验检测工作经历：查社保缴纳记录						

续表4-10

序号	评审内容	评审要点	评审记录	评审意见				整改项及说明
				符合	基本符合	不符合	不适用	
4.2.5	检验检测机构应对抽样、操作设备、检验检测、签发检验检测报告或证书以及提出意见和解释的人员，依据相应的教育、培训、技能和经验进行能力确认。应由熟悉检验检测目的、程序、方法和结果评价的人员，对检验检测人员包括实习员工进行监督	1. 检验检测机构的抽样人员、操作设备人员、检验检测人员和签发报告人员等，是否按其任职要求，根据人员的学历、工作经历、技能和培训等情况进行了资格确认，是否具备到岗的设备和依据的检验检测方法，抽查相关人员是否持证上岗。 2. 如果检验检测机构还有提供意见和解释的人员，应按照其任职要求，评审是否具备资格，是否具备提供意见和解释的能力以及了解提供意见和解释的要求。 3. 检验检测机构是否设置覆盖其全部检验检测领域的监督员，监督员是否具备了解检验检测目的、方法和程序，能对检验检测结果有评价的能力，是否安排了对检验检测人员和实习人员的监督，是否对被监督人员进行评价并保存了监督记录						
4.2.6	检验检测机构应建立和保持人员培训程序，确定人员的教育和培训目标，明确人员培训需求和实施人员培训。培训计划应与检验检测机构当前和预期的任务相适应	1. 检测机构是否建立了人员培训程序，它可以是单独的程序，也可以在人员管理程序中阐述人员培训的过程，其内容是否覆盖人员培训需要的全部要求，并具有可操作性。 2. 检验检测机构是否有人员教育培训的目标。检验检测机构所确立的目标，制订人力资源发展规划，也可以制订人员培训计划。 3. 制订培训计划前，是否识别了目的培训的内容、形式，是否按照计划实施了培训，根据培训需求制订培训计划。培训计划是否适宜于当前工作和预期实施的培训的需要，是否按计划实施了培训，包括了传授适宜于当前工作和预期操作的培训，涉及各专业领域和全体人员的培训等，是否保留了培训记录。评价可以是定量的。 4. 是否针对培训目的进行了有效性评价，也可以是定性的，如通过参加内部审核、质量监督活动、人员监督评价等评价培训的有效性并实施改进						

续表 4-10

序号	评审内容	评审要点	评审记录	评审意见			整改项及说明
				符合	基本符合	不符合	不适用
4.2.7	检验检测机构应保留人员的相关资格、能力确认、授权、教育、培训和监督的记录，记录包含能力确定人员授权和人员能力监控	1. 检验检测机构是否保留了所有从事抽样、操作设备、检验检测、签发检验检测报告或证书以及提出意见和解释等工作的人员的档案。2. 人员档案中是否均已保留了相关资格、能力确认、授权、教育、培训、监督和监控的记录，并包含授权和能力确认的日期					
4.3	场所环境						
4.3.1	检验检测机构应确保其有固定的、临时的、可移动的或多个地点的场所，上述场所应满足相关法律法规、标准或技术规范的要求。检验检测机构应将其从事检验检测活动所需的场所、环境要求制定成文件	1. 检验检测机构的场所（包括固定的、临时的、可移动的或多个地方的场所）是否相关法律法规、标准或技术规范的工作场所一致。2. 检验检测机构是否对工作场所具有完全的使用权。3. 检验检测机构资质认定的地址（场所），是否覆盖所有检验检测项目					
4.3.2	检验检测机构应确保其工作环境满足检验检测的要求。检验检测机构在固定场所以外进行检验检测或抽样时，应提出相应的控制要求，以确保环境条件满足检验检测标准或者技术规范的要求	1. 检验检测所需的工作环境条件，识别检验检测方法标准或技术规范，设置满足检验检测要求的环境条件，保障检验检测有效，不会影响检验检测结果的设备设施。当环境条件对结果的质量有影响时，检验检测机构是否编写必要的文件进行控制。2. 在检验检测固定设施以外的场所进行抽样、检验检测时，是否予以提出相应的控制要求并形成文件和予以记录，以保证环境条件符合检验检测标准或技术规范的要求					

续表 4-10

序号	评审内容	评审要点	评审记录	评审意见			整改项及说明
				符合	基本符合	不符合 不适用	
4.3.3	检验检测标准或者技术规范对环境条件有要求时或环境条件影响检验检测结果时,应监测、控制和记录环境条件。当环境条件不利于检测的开展时,应停止检验检测活动	1. 检验检测标准或技术规范对影响检测结果质量的环境条件有要求的,以及环境条件将影响检测结果时,检验检测机构是否监视、测量和控制环境条件,并予以记录。 2. 检验检测机构是否识别了对环境有要求的抽样和检验检测活动,并根据识别结果对诸如生物消毒、灰尘、电磁干扰、辐射、湿度、供电、温度、声级和振级等予以控制,使之适应于相关的技术活动。 3. 检验检测机构在环境条件存在影响检验检测质量的风险和隐患时,检验是否停止检验检测,并经有效处置后,方恢复检验检测活动					
4.3.4	检验检测机构应建立和保持检验检测场所良好的内务管理程序,该程序应考虑安全和环境的因素,检验检测机构应与不相容活动的相邻区域进行有效隔离,应采取措施以防止干扰或者交叉污染。检验检测机构应对使用和进入影响检验检测质量的区域加以控制,并根据特定情况确定控制的范围	1. 检验检测机构是否有内务管理程序,是否识别检验检测活动所涉及的危及安全以及检验检测活动所产生的环境污染因素,设置必要的防护设施,规定相应的应急预案。 2. 检验检测试验区的布局是否合理,当相邻区域的活动出现不相容或相互影响时,检验检测机构是否对相关区域进行有效隔离,采取措施消除影响,防止干扰或者交叉污染。 3. 检验检测机构是否对进入人和或使用检验检测质量有影响的区域进行控制,确保不对检验检测质量产生不利影响的同时,保护进入或使用相关区域的人员的安全					
4.4	设备设施						
4.4.1	设备设施的配备						

续表 4-10

序号	评审内容	评审要点	评审记录	评审意见 符合	基本符合	不符合	不适用	整改项及说明
	检验检测机构应配备满足检验检测（包括抽样、物品制备、数据处理与分析）要求的设备和设施，应有利于检验检测工作的正常开展。设备包括检验检测活动所必需并影响结果的仪器、软件、测量标准、标准物质、参考数据、试剂、消耗品、辅助设备或相应组合装置。检验检测机构使用非本机构的设备和设施时，应确保满足《通用要求》要求。 检验检测机构租用仪器设备开展检验检测时，应确保： （1）租用仪器设备的管理应纳入本检验检测机构的管理体系； （2）本检验检测机构可全权支配使用，即租用仪器设备由本检验检测机构的人员操作、维护、检定或校准，并对使用环境和贮存条件进行控制； （3）在租赁合同中明确规定租用设备的使用权； （4）同一台设备不允许在同一时期被不同检验检测机构共同租赁和资质认定	1. 检验检测机构是否配备满足检验检测（包括抽样、物品制备、数据处理与分析）要求的设备和设施，是否有利于检验检测活动的正常开展。用于检验检测活动所必需并影响结果的仪器、软件、测量标准、标准物质、参考数据、试剂、消耗品、辅助设备或相应组合装置。 2. 检验检测机构配备的设备（包括固定的、临时的、移动的），是否满足相关标准或者技术规范的要求。 3. 检验检测机构使用租用仪器设备申请资质认定的，是否确保其满足《通用要求》要求					
4.4.2	设备设施的维护 检验检测机构应建立和保持检验检测设备和设施管理程序，以确保设备和设施的配置、使用和维护满足检验检测工作要求	1. 检验检测机构是否建立设备设施管理程序文件。 2. 该程序是否对检验检测设备和设施的配置，使用、维护、安全处置、运输、存储等规定，防止设备设施的污染和性能退化，满足检验检测工作需求						

续表 4-10

序号	评审内容	评审要点	评审记录	评审意见				整改项及说明
				符合	基本符合	不符合	不适用	
4.4.3	设备管理							
	检验检测机构应对检验检测结果、抽样结果的准确性或有效性有影响，计量溯源性有要求的设备，包括用于测量环境条件等辅助测量设备有计划地实施检定或校准。设备在投入使用前，应采用核查、检定或校准等方式，以确认其是否满足检验检测或校准的要求。所有需要检定、校准或有有效期的设备应使用标签、编码或其他识别，以便使用人员易于识别检定、校准有效期或状态或有效期。 检验检测设备，包括硬件和软件设备应得到保护，应避免出现使检验检测结果失效的调整。检验检测机构的参考标准应满足溯源要求。无法溯源到国家或国际测量标准时，检验检测机构应保留检验检测结果相关性或准确性的证据。 当需要利用期间核查以保持设备的可信度时，应建立和保持相关的程序。针对校准结果产生的修正信息或参考标准值，检验检测机构应确保其在备份中加以利用并更新，数据及相关记录中加以利用并更新	1. 对检验检测结果有显著影响的设备是否制定器设备的核查检定、校准计划，并按计划实施核查、检定和校准。 2. 无法溯源到国家或国际测量标准时，测量结果是否溯源至有证标准物质、公认的或约定的测量方法或标准，或提供测量溯源性证据，或通过比对等途径，证明其测量结果与同类检验检测机构的一致性。 3. 检验检测机构需要内部校准时，是否确保满足本标准的要求。 4. 设备投入使用前，是否通过核查、检定和校准，并按照技术要求进行确认，并予以标识。 5. 检验检测设备在定期检定或校准后是否进行计量确认，确认其满足检验检测要求后方可使用。 6. 校准结果产生的修正信息是否及时加以利用，并备份和更新。 7. 仪器设备需要期间核查，是否制定和实施相应的程序并有记录。 8. 设备的硬件和软件采取哪些措施进行保护，避免出现检验检测结果失效的调整。 9. 如果有参考标准，是否制订校准计划并进行校准，并仪用于内部校准						

续表 4-10

序号	评审内容	评审要点	评审记录	符合	基本符合	不符合	不适用	整改项及说明
					评审意见			
4.4.4	设备控制	检验检测机构应保存对检验检测具有影响的设备及其软件的记录。用于检验检测并对结果有影响的设备及其软件，如可能，应加以唯一性标识。检验检测设备应由经过授权的人员操作并对其进行正常维护。若设备脱离了检验检测机构的直接控制，应确保该设备返回后，在使用前对其功能和校准、检定状态进行核查，并得到满意结果	1. 对检验检测具有重要影响的设备及其软件（包括工作量具），检验检测机构是否建立档案，内容是否完整。 2. 用于检验检测并对结果有影响的设备及其软件，是否加以唯一性标识。 3. 检验检测机构是否指定经过能力确认的人员操作重要的、关键的仪器设备以及技术复杂的大型仪器设备。 4. 设备使用和维护的最新版说明书（包括设备制造商提供的有关手册）是否便于检验检测人员取用，设备是否进行了维护。 5. 设备脱离了检验检测机构，检验检测机构返回后，在使用前，是否对其进行核查，得到满意结果后方可使用						
4.4.5	故障处理	设备出现故障或者异常时，检验检测机构应采取相应措施，如停止使用、隔离或加贴停用标签、标记，直至修复并能正常工作为止。应核查这些缺陷或偏离对以前检验检测结果的影响	1. 曾经过载或处置不当，给出可疑结果，或已显示出缺陷，超出规定限度的设备，是否停止使用。 2. 这些设备是否予以隔离或贴标签、标记，直至修复。 3. 修复后的设备是否经过检定、校准或核查表明其能正常工作后方可投入使用。 4. 检验检测机构是否对这些因缺陷或超出规定极限而对过去进行的检验检测活动造成的影响进行追溯						

续表 4-10

序号	评审内容	评审要点	评审记录	评审意见				整改项及说明
				符合	基本符合	不符合	不适用	
4.4.6	标准物质 检验检测机构应建立和保持标准物质管理程序。标准物质应尽可能溯源到国际单位制(SI)单位或有证标准物质。检验检测机构应根据程序对标准物质进行期间核查	1. 检验检测机构是否建立和保持标准物质的管理程序;该程序对标准物质的溯源、安全处置、运输、存储和使用做出相应规定。 2. 检验检测机构的标准物质是否溯源到 SI 单位或有证标准物质。 3. 检验检测机构是否对标准物质进行期间核查。 4. 是否按照程序要求、安全处置、运输、存储和使用标准物质。						
4.5	管理体系							
4.5.1	总则 检验检测机构应建立、实施和保持适应其活动范围的管理体系,应将其政策、制度、计划、程序和指导文件应传达至有关人员,并被其获取、理解、执行。检验检测机构管理体系文件至少应包括:管理体系文件,应对风险和机遇的措施,纠正措施,改进,记录控制,应对风险和机遇的措施,内部审核和管理评审	1. 检验检测机构管理体系是否包括:管理体系文件的控制,记录控制,应对风险和机遇的措施,纠正措施,改进,是否能够服务于质量管理体系和管理评审。管理体系内容是否完整、系统、协调,是否与其活动类型、范围、工作方针和质量目标,是否所有与质量管理体系文件相关的活动均处于受控状态。 2. 检验检测机构是否将政策、制度、计划,程序文件和作业指导书等制订成文件,这些文件可以以质量手册、程序文件和作业指导书及记录格式等形式体现。 3. 检验检测机构相关人员是否获得管理体系文件是否方便;管理体系文件是否甄别或实施评价,相关人员是否理解和执行了管理体系相关部分要求的措施						

续表 4-10

序号	评审内容	评审要点	评审记录	评审意见				整改项及说明
				符合	基本符合	不符合	不适用	
4.5.2	方针目标							
	检验检测机构应阐明质量方针,制订质量目标,并在管理评审时予以评审	1. 质量方针是否由管理层制订,贯彻和保持,质量目标是否能够服务于质量方针,年度目标是否能服务于总体目标。 2. 检验检测机构员工是否能获取,理解,执行机构的质量方针,质量目标。 3. 检验检测机构是否将质量方针和质量目标作为管理评审输入,并有记录可查。						
4.5.3	文件控制							
	检验检测机构应建立和保持控制其管理体系的内部和外部文件的程序,明确文件的标识,批准,发布,变更和废止,防止使用无效,作废的文件	1. 检验检测机构是否建立了文件控制程序,是否包括检验检测机构制订文件(内部文件)和外来文件,是否涵盖适用其所有文件及载体的管理,控制,是否涵盖文件从编制,标识,审批,批准,发布,变更和废止,归档及保存等各环节的管理与控制。 2. 各层次文件的批准发布和修订是否按照程序实施,相关记录是否完整。 3. 文件是否定期审查,能否通过文件审查持续保持内部文件的适用性,有效性和满足使用要求。 4. 采取哪些措施控制外来文件,查询渠道是否畅通,能否保证及时使用现行有效的外来文件。 5. 电子文件控制是否有明确规定,包括设置密码,权限,定期备份,防病毒等要求,控制是否有效。						
4.5.4	合同评审							

续表 4-10

序号	评审内容	评审要点	评审记录	评审意见				整改项及说明
				符合	基本符合	不符合	不适用	
	检验检测机构应建立和保持评审客户要求、标书、合同的程序。对要求、标书、合同的偏离，合同评审应征得客户同意并通知相关的检验检测人员。当客户要求出具的检测报告含有对标准或规范不包含的判定规则时，检验检测机构应选择的判定规则应与客户沟通并得到客户同意	1. 检验检测机构是否依据制定的评审客户要求、标书和合同的相关程序，对合同评审、合同偏离、合同修改以有效控制，是否有合同评审、合同偏离、合同修改记录。 2. 检验检测机构是否与客户充分沟通，了解客户需求，是否对自身的技术能力、资质状况能否满足客户要求(包括方法要求)进行了评审。若合同中有关要求发生修改或变更时，是否进行重新评审。对客户要求、标书或合同若有不同意见，是否在签约之前协调解决。 3. 对于出现的偏离，检验检测机构是否与客户沟通并得到客户面同意。 4. 当客户要求出具的检验检测报告或证书中包含对标准或规范的符合性声明，若标准或规范不包含相应的判定规则时，检验检测机构选择的判定规则是否与客户沟通并得到客户同意						
4.5.5	分包 检验检测机构需分包检验检测项目时，应分包给已取得检验检测机构资质认定并有能力完成分包项目的检验检测机构，具体分包的检验检测项目和承担得出分包项目的检验检测机构应先取得委托人的同意。出具检验检测报告或证书时，应将分包项目予以区分。 检验检测机构实施分包前，应建立和保持分包的管理程序，并在检验检测业务洽谈、合同评审和合同签订过程中予以实施。检验检测机构不得将法律法规、技术标准等禁止分包的项目实施分包	1. 检验检测分包控制程序是否形成文件，内容是否完整适用，并将其用于业务洽谈、合同评审和签署合同。 2. 抽查发生分包的合同和检验检测报告，查证分包方是否事先取得客户书面同意，分包方是否具备资质和认证的资质和能力。 3. 检验检测机构是否对分包方进行了评审，是否有评审记录和合格方名录。 4. 检验检测机构是否在结果报告上注明了分包，注明的信息是否符合规定的要求，分包责任是否由发包负责。 5. 没有能力的分包是否按照《中华人民共和国合同法》执行。 6. 检验检测机构是否将法律法规、技术标准等禁止分包的项目实施了分包						

续表 4-10

序号	评审内容	评审要点	评审记录	评审意见				整改项及说明
				符合	基本符合	不符合	不适用	
4.5.6	采购							
	检验检测机构应建立和保持选择和购买对检验检测质量有影响的服务和供应品的程序。明确服务、供应品、试剂、消耗材料等的购买、接收、存储的要求，并保存对供应商的评价记录	1. 检验检测机构是否制定了选择和购买对检验检测质量有影响的服务和供应品的控制程序，是否有对检验检测质量有影响的试剂和消耗性材料的购买、验收和储存程序。 2. 检验检测机构是否确定了对检验检测质量有影响的供应品、试剂和消耗材料清单，是否有文件化的验收规定，是否经过检查或验证符合有关标准规范要求之后才投入使用；所使用的服务和供应品（包括消耗品）是否都符合规定的要求。是否保存了符合性检查活动记录。 3. 是否制定了试剂和消耗性材料的文件化的储存规定，储存设施和条件是否符合安全、有关标准规范要求。 4. 影响检验检测机构输出质量的物品或服务的采购文件所包含的信息资料是否充分；这些采购文件发出之前，其技术内容是否经过审查和批准。 5. 检验检测机构是否对影响检验检测质量的重要的消耗品、供应品和服务的供应商进行了评价，是否保存了评价的记录						
4.5.7	服务客户							

续表 4-10

序号	评审内容	评审要点	评审记录	评审意见				整改项及说明
				符合	基本符合	不符合	不适用	
	检验检测机构应建立和保持服务客户的程序,包括:保持与客户沟通,对客户进行服务满意度调查,跟踪客户的需求,以及允许客户或其代表合理进入为其检验检测的相关区域观察	1. 检验检测机构是否建立和保持服务客户的程序,是否有为客户服务的意识,是否有具体为客户服务的措施,这些措施执行情况如何,效果怎样,持续不断地改进对客户服务方面做得怎样。 2. 检验检测机构在允许客户进入检验检测现场时,是否确保其他客户的机密不会泄露,不对检验检测结果产生不利影响,是否保证人员的人身安全。 3. 检验检测机构是否与客户保持良好的沟通,以便准确、及时地了解客户的需求,当服务发生延误或偏离时,是否通知客户。 4. 检验检测机构采取了哪些方式收集顾客满意与否的信息,是否对收集到的信息进行了分析,并作为评价管理体系和改进的依据,必要时及时采取纠正措施						
4.5.8	投诉 检验检测机构应建立和保持处理投诉的程序。明确对投诉的接收、确认、调查和处理职责,跟踪和记录投诉,确保采取适宜的措施,并注重人员的回避	1. 检验检测机构是否建立和保持投诉处理程序,是否明确对投诉接收、确认、调查以及做决定的部门和人员的职责。 2. 是否有效处理投诉,客户对投诉处理是否满意。 3. 对与投诉相关的人员,对投诉人的回复决定进行审查和批准及通知有关人,是否有采取措施回避规定和措施。 4. 是否保存了所有投诉的接收、确认、调查和采取纠正措施的记录,处理的措施是否有效,投诉的情况,投诉人管理评审						

续表 4-10

序号	评审内容	评审要点	评审记录	评审意见				整改项及说明
				符合	基本符合	不符合	不适用	
4.5.9	不符合工作控制 检验检测机构应建立和保持出现不符合工作的处理程序，当检验检测活动或结果不满足其自身程序或客户达成一致的要求时，检验检测机构应实施该程序。该程序应确保：（1）明确对不符合工作进行管理的责任和权力；（2）针对风险等级采取的措施；（3）对不符合工作的严重性进行评价，包括对以前结果的影响分析；（4）对不符合工作的可接受性做出决定；（5）必要时，通知客户并取消工作；（6）规定批准恢复工作的职责；（7）记录所描述的不符合工作和措施	1.检验检测机构是否建立和保持出现不符合工作的处理程序，内容是否完整与适用，不符合工作控制程序是否确保：（1）在发生不满足管理体系要求或客户约定的要求时，或发生检验检测结果不符合时，明确不符合工作处置的职责和权限，包括停止检验检测工作和必要时做出收回结果报告等；（2）是否明确对不符合工作的严重性做出评估，立即采取纠正和对不符合工作的可接受性做出决定的职责和权限；（3）是否规定必要时通知客户并取消工作；（4）是否规定批准恢复工作的责任人及责任；（5）适用时，应规定检验检测前中后发生不符合工作的处置要求。2.是否有需要执行纠正措施程序。3.是否记录所描述的不符合工作和措施						
4.5.10	纠正措施，应对风险和机遇的措施和改进							

续表 4-10

序号	评审内容	评审要点	评审记录	评审意见				整改项及说明
				符合	基本符合	不符合	不适用	
	检验检测机构应建立和保持在识别出不符合时，采取纠正措施的程序。检验检测机构应通过实施质量方针、质量目标，应用审核结果，数据分析，纠正措施，管理评审，人员建议，风险评估，能力验证和客户反馈等信息来持续改进管理体系的适宜性、充分性和有效性。检验检测机构应考虑与检验检测活动有关的风险和机遇，以利于：确保实现管理体系能够实现其预期结果，把握实现目标的机遇；预防或减少检验检测活动中的不利影响和潜在的失败，实现管理体系改进。检验检测机构应策划：应对这些风险和机遇的措施，如何在管理体系中整合并实施这些措施；如何评价这些措施的有效性	1. 检验检测机构是否建立和保持纠正措施程序，管理层是否对持续改进管理体系的意义又有充分认识。 2. 查证检验活动记录并评价改进工作的有效性。 3. 是否对内、外部发现的不符合分析原因，是否找到根本原因并针对根本原因采取措施。 4. 是否跟踪纠正措施的有效性，检验检测机构是否将纠正措施调查所要求的任何变更制订成文件并加以实施。 5. 管理层是否以基于风险的思维，运用过程方法建立管理体系，对检验检测机构所处的内外部环境进行了分析，进行风险评估和风险处置。检验检测机构是否基于风险的思维对过程和管理体系进行管控，从而有效利用机遇，消除或减小风险。检验检测机构是否识别法律法规风险、安全风险和环境风险等，以基于风险的思维对过程和管理体系进行管控，从而有效利用机遇，消除或减小风险。 6. 检验检测机构是否识别了改进机会，是否制订、执行和监控了这些措施计划，以减少类似不符合情况发生的可能性并借机改进。 7. 如果检验检测机构对不规范对本规程的符合性产生怀疑，机构是否尽快依据 4. 5.12 条的规定对相关活动区域进行附加审核。 8. 检验检测机构是否将纠正措施和机遇的措施和改进作为管理评审输入。 9. 检验检测机构是否保留实施时间质量方针、质量目标、运用审核结果、数据分析、纠正措施、管理评审、人员建议、风险评估、能力验证、客户反馈等信息作为持续改进管理体系适宜性和有效性的证据						
4.5.11	记录控制							

续表 4-10

序号	评审内容	评审要点	评审记录	评审意见			整改项及说明
				符合	基本符合	不符合	不适用	
	检验检测机构应建立和保持记录管理程序,确保每一项检验检测活动技术记录的信息充分,确保记录活动的标识、贮存、保护、检索、保留和处置符合要求	1. 检验检测机构是否建立和保持识别、收集、索引、存取、存档、存放、维护和清理质量记录和技术记录的程序。 2. 质量记录、技术记录是否包括了所有的质量管理、检验检测活动记录,以及每一份检验检测报告或证书的副本。 3. 每一项检验检测的记录应包含充分的信息,以便能够识别不确定度的影响因素,能够重复检验检测过程。 4. 记录是否包括抽样的人员、检验检测人员和结果校核人员的标识。 5. 是否在观察结果、数据和计算产生时予以记录。 6. 对记录的所有改动是否有收动人的签名或签名缩写。 7. 对电子存储的记录是否与书面记录采取同等措施,以避免原始数据的丢失或改动。 8. 所有记录是否予以安全保护和保密。 9. 记录是否按规定的保存期限保存					

续表4-10

序号	评审内容	评审要点	评审记录	评审意见				整改项及说明
				符合	基本符合	不符合	不适用	
4.5.12	检验检测机构应建立和保持管理体系内部审核的程序,以便验证其运作符合本标准和管理体系的要求,是否符合管理体系的实施和保持。内部审核通常每年一次,由质量负责人策划内审并制订审核方案。内审员经过培训,具备相应资格。若审核员预约允许,内审员应独立于被审核的活动。检验检测机构应: (1)依据有关过程的重要性,对检验检测机构产生影响的变化和以往审核的结果,策划、制订、实施和保持审核方案; (2)规定每次审核的审核准则和范围; (3)选择审核员并实施审核; (4)确保将审核结果报告给相关管理者; (5)及时采取适当的纠正和纠正措施; (6)保留形成文件的信息,作为实施审核方案以及做出审核结果的证据的	1.检验检测机构是否编制了内部审核管理程序。 2.检验检测机构运作是否符合管理体系和《检验检测机构资质认定能力评价 检验检测机构通用要求》(RB/T 214—2017)的要求,管理体系是否得到有效的实施和保持。 3.管理体系正常运行下,检验检测机构的内部审核是否每年至少进行一次,质量负责人是否依据以下三点来策划、实施和保持审核方案: (1)有关过程的重要性; (2)对检验检测机构产生影响的变化; (3)以往的审核结果。 审核方案是否包括频次、方法、职责、策划要求和报告,是否按照预定的计划和程序实施内审。 4.检验检测机构的内审员是否经过培训,具备相应资格,若资源允许,内审员是否独立于被审核的活动。 5.检验检测机构对内部审核所发现的问题是否采取必要的纠正、纠正措施并跟踪验证其有效性,对检验检测机构所处的内外部运维,运用过程方法建立管理体系,进行风险评估和风险处置。检验检测机构是否有效利用机遇,进行分析,消除或减小了风险。 6.检验检测机构的内部审核过程积极采取纠正和纠正措施,应对风险和机遇的措施是否予以记录,内部审核是能有效整改,客观、准确。 7.比较近两年的内部审核记录,是否有雷同、重复或者改期打印的现象						

续表 4-10

序号	评审内容	评审要点	评审记录	符合	基本符合	不符合	不适用	整改项及说明
4.5.13	检验检测机构应建立和保持管理评审的程序。管理评审通常每 12 个月一次，由管理层负责。管理评审应确保管理评审后，得出的相应改进措施予以实施，确保管理评审相应变更或改进措施的适宜性和有效性。应保留管理评审的记录。管理评审输入应包括以下信息：①检验检测机构相关的内外部因素的变化；②目标的可行性；③政策和程序的适用性；④以前管理评审所采取措施的情况；⑤近期内部审核的结果；⑥纠正措施；⑦由外部机构进行的评审；⑧工作量和工作类型的变化或检验检测机构活动范围的变化；⑨客户和员工的反馈；⑩投诉；⑪实施改进的有效性；⑫资源配备的合理性；⑬风险识别的可控性；⑭结果质量的保障性；⑮其他相关因素，如监督活动和培训。 管理评审输出应包括以下内容： (1) 管理体系及其过程有效性的改进； (2) 符合本标准要求的改进； (3) 提供所需的资源； (4) 变更的需求	1. 检验检测机构是否编制管理评审程序。 2. 管理评审是否每 12 个月 1 次或者多次，是否有管理层主持。管理评审实施后，得出的相应变更或改进措施得以实施，是否确保管理体系适宜性和有效性。当管理评审出现重大调整时，是否适当增加了管理评审的次数。 3. 管理评审的输入是否包含了条款中指出的 15 项内容，输出是否包含了条款中指出的 4 个方面内容。 4. 是否保留的管理评审的记录，该记录是否包含了输入记录和输出记录，以及管理评审计划和报告。 5. 比较近两年的管理评审记录，是否有雷同、重复和改期打印的现象						

续表 4-10

序号	评审内容	评审要点	评审记录	评审意见			整改项及说明
				符合	基本符合	不符合	不适用
	检验检测机构应建立和保持检验检测方法控制程序。检验检测方法包括标准方法、非标准方法（含自制方法）。应优先使用标准方法，并确保使用标准方法的有效版本。在使用非标准方法（含自制方法）前，应进行验证。在使用非标准方法（含自制方法）前，应进行确认。并重检验检测机构应跟踪方法的变化，并进行验证或确认。必要时，检验需方，如确需采用非标准方法，应制订作业指导书，经技术判断和方法偏离，应征得客户同意。当客户建议的方法不适合或已过期时，应通知客户。非标准方法（含自制方法）的使用，应事先征得客户同意，并告知客户相关方法可能存在的风险。需要时，检验检测机构应建立和保持自制方法开发程序，自制方法应经确认。检验检测机构应记录作为确认证据的信息：使用的确认程序、规定的要求、方法性能特征的确定、获得的结果和该方法满足预期用途的有效性声明	1. 检验检测机构是否有完整的检验检测方法控制程序，以及与其开展的检验检测项目相适应的检验检测方法。这些程序与方法是否确保检验检测中的各项活动，包括：送样（抽样）、处理、运输、存储和准备，检验检测，结果分析和数据分析等方面，都采用了适当的方法和程序。需要时，方法中还是否包括测量不确定度评估评估和数据分析评估活动。 2. 检验检测机构是否制订记录必要的检验检测细则或作业指导书，作业指导书是否适应检验检测活动。 3. 检验检测机构在使用非标准方法和自制方法时，是否事先得客户同意，并告知了客户相关方法可能存在的风险。 4. 当客户建议的方法不适合或已过期时，是否通知了客户并妥善处理。 5. 对新引入或者变更的标准方法是否进行方法验证，以确保检验检测机构能够正确应用这些标准方法，并能提供验证其技术能力和技术验证的相关记录。 6. 对检验检测方法的偏离是否有文件规定，经过技术判断，获得批准和客户同意。是否对偏离的实施效果进行评价。 7. 当客户指定的方法是企业制订的经确认，申请经过检验检测机构资认定。检转换为其自身的确认后，选用确认的方法构转换为其自身的确认方法并经确认，选用确认的方法应经确认。 8. 检验检测自制方法对使用非标准方法进行确认时，是否经过检验检测资质认定。式是否科学、合理、充分、有效；保留的确认记录（确认程序、结果记录，适合预期用途声明）是否完整、有效。 9. 检验检测机构自制方法时，是否制定了程序以规定输入、输出过程控制评审和定期评审和确认要求						
4.5.14							

续表 4-10

序号	评审内容	评审要点	评审记录	评审意见 符合	评审意见 基本符合	评审意见 不符合	评审意见 不适用	整改项及说明
4.5.15	测量不确定度 检验检测机构应根据需要建立和保持应用评定测量不确定度的程序。 检验检测机构应建立和保持应用评定和保持应用评定测量不确定度的程序，检验检测机构应建立相应数学模型，给出相应测量不确定度评定案例。检验检测机构可在检验检测出现临界值有要求时，报告测量不确定度	1. 当相关检验检测方法对测量不确定度有要求时，检验检测机构是否有评估测量不确定度的程序。 2. 是否努力找出不确定度的所有分量，并做出合理的评定。 3. 测量不确定度评估方法及其严密程度是否满足法规、检验检测方法和客户的要求						
4.5.16	数据信息管理 检验检测机构应获得检验检测活动所需的数据和信息，并对其信息管理系统进行有效管理。 检验检测机构应对计算机和数据转移系统和适当的检查。当利用计算机或自动化设备对检验检测数据进行采集、处理、记录、报告、存储或检索时，检验检测机构应： （1）将自行开发的计算机软件形成文件，使用前确认其适用性，并定期确认、改变或升级后再次确认，应保留记录； （2）建立和保持数据完整性、正确性和保密性的保护程序； （3）定期维护计算机和自动设备，保持其功能正常	1. 检验检测机构是否对计算和数据换算、数据传输的系统进行了系统的检查，适当的检查。 2. 检验检测机构是否建立并实施了数据保护程序，该程序是否对数据采集、处理、传输、存储、处理中的完整性、正确性和保密性做出规定。 3. 当检验检测机构采用计算机或自动化设备作为对数据进行采集、处理、记录、报告、存储或检索时，是否对其有效性和适用性进行评价，并确保对计算机系统的环境条件和运行条件符合要求。 4. 检验检测机构自己开发的计算机软件是否制订详细的文件，并对其进行适当进行适当的确认						

续表 4-10

序号	评审内容	评审要点	评审记录	评审意见				整改项及说明
				符合	基本符合	不符合	不适用	
4.5.17	抽样 检验检测机构为后续的检验检测，需要对物质、材料或产品进行抽样时，应建立和保持抽样控制程序。抽样应根据适当的统计方法制订，抽样应确保检验检测结果的有效性。当客户对抽样程序有偏离的要求时，应予以详细记录，同时告知相关人员。如果客户要求的偏离会影响到检验检测结果，应在报告、证书中做出声明	1. 检验检测机构为后续的检验检测需要对物质、材料或产品抽样时，是否建立和保持了抽样控制程序。 2. 抽样计划（方案）是否根据适当的统计方法制定，抽样是否确保检验检测结果的有效性。 3. 当客户对抽样程序有偏离的要求时，是否予以详细记录，同时告知相关人员。 4. 客户要求的偏离是否影响检验检测机构的诚信和结果的有效性，机构采取哪些措施，如何防止此类风险的发生						
4.5.18	样品处置 检验检测机构应建立和保持样品管理程序，以保护样品的完整性并保护客户的机密。检验检测机构应有样品的标识系统，并在整个检验检测期间保留该标识。在接收样品时，应记录样品的异常情况或对记录的检测方法的偏离。样品在运输、接收、处置、保护、存储过程中应予以控制和记录。当样品需要存放或养护时，应维护、监控和记录环境条件	1. 检验检测机构是否建立和保持样品管理程序是否完整、适宜。 2. 样品管理程序是否包括保护客户的机密和所有权的内容。 3. 检验检测机构是否有样品的标识系统，并在整个检验检测期间保留该标识，机构是否区分了样品的标识和样品检验检测状态标识。 4. 在接收样品时，是否记录样品的异常情况或对记录的检测方法的偏离。 5. 样品在运输、接收、处置、保护、存储、清理或返回过程中是否予以控制和记录。 6. 样品需要存放或养护时，是否保持、监控和记录了环境条件						

续表 4-10

序号	评审内容	评审要点	评审记录	评审意见				整改项及说明
				符合	基本符合	不符合	不适用	
4.5.19	结果有效性 检验检测机构应建立和保持监控结果有效性的程序。检验检测机构可采用定期使用标准物质、定期使用经过校准的具有溯源性的替代仪器,对设备的功能进行检查,运用工作标准与控制图,使用相同或不同方法进行重复检验检测,使用相同或不同方法不同结果的相关性,保存样品的再检验检测,分析样品不同结果的相关性,对报告数据进行审核,参加能力验证或机构之间比对,检验检测机构内部比对,盲样检验检测等进行监控。检验检测机构所有数据的记录方式应便于发现其发展趋势,若发现偏离预先判据,应采取有效的措施纠正出现的问题,防止出现错误的结果。质量控制应有适当的方法和计划并加以评价	1. 检验检测机构是否建立和保持了监控结果的有效性(质量控制)程序,监控结果有效性程序是否具有完整性和适应性,包括对内、外部质量控制活动的各项要求。 2. 检验检测机构是否采用定期使用标准物质、定期使用经过检定或校准的具有溯源性的替代仪器,对设备的功能进行检查,运用工作标准与控制图,使用相同或不同方法进行重复检验检测、保存样品的再检验检测,使用相同或不同方法不同结果的相关性,盲样检验检测,分析样品不同结果的相关性,对报告数据进行审核、参加能力验证或机构之间比对、检验检测机构内部比对,盲样检验检测等进行监控。 3. 检验检测机构所有数据的记录方式是否便于发现其发展趋势,若发现偏离预先判据,是否采取有效的措施纠正出现的问题,防止出现错误的结果。质量控制是否有适当的方法和计划并加以评价						
4.5.20	结果报告							

续表 4-10

序号	评审内容	评审要点	评审记录	评审意见				整改项 反馈说明
				符合	基本符合	不符合	不适用	
	检验检测机构应准确、清晰、明确、客观地出具检验检测结果，符合检验检测方法的规定，并确保检验检测结果的有效性。结果通常应以检验检测报告或证书的形式发出。检验检测报告或证书应至少包括下列信息（适用时）：①标题；②标注资质认定标志，加盖检验检测专用章（如属于检验检测报告专用章）；③检验检测机构的名称和地址，检验检测的地点（如果与检验检测机构的地址不同）；④检验检测报告或证书的唯一性标识（如系列号）和每一页上的标识，以确保能够识别该页是属于检验检测报告或证书的一部分，以及表明检验检测报告结束的清晰标识；⑤客户的名称和联系信息；⑥所用检验检测方法的识别；⑦检验检测样品的描述、状态和应用标识；⑧检验检测的日期，对检验检测结果的有效性和应用有重大影响时，注明样品的接收日期或抽样日期；⑨对检验检测结果的有效性或应用有影响时，提供检验检测机构或其他机构所用的抽样计划和程序的说明；⑩检验检测报告或证书签发人的签名、签字或等效的标识和签发日期；⑪检验检测结果的测量单位（适用时）；⑫检验检测不负责任抽样（如样品是由客户提供）时，应在报告或证书中声明结果仅适用于客户提供的样品；⑬检验检测结果来自于外部提供者时的清晰标注；⑭检验检测机构应做出未经本机构批准，不得复制（全文复制除外）报告或证书的声明	1. 检验检测机构是否制订检验检测报告或证书控制程序，是否保证出具的报告或证书满足《检验检测机构能力评价 检验检测机构通用要求》（RB/T 214—2017）基本要求。 2. 检验检测报告或证书是否有唯一性标识。 3. 检验检测报告或证书是否有批准人的姓名、签字或等效的标识，是否经授权签人。 4. 检验检测报告或证书是否按照要求加盖资质认定标志和检验检测专用章。 5. 检验检测报告用章是否有文件规定并按照执行						
4.5.21	结果说明							

续表 4-10

序号	评审内容	评审要点	评审记录	符合	基本符合	不符合	不适用	整改项及说明
	当需对检验检测结果进行说明时，检验检测报告或证书中还应包括下列内容： （1）对检验检测方法的偏离、增加或删减，以及特定检验检测条件的信息，如环境条件； （2）适用时，给出符合（或不符合）要求或示范的声明； （3）当测量不确定度与检验检测结果的有效性或应用有关，或当测量不确定度影响到对规范限度的符合性时，或当测量不确定度影响到对规范限度的符合性时，检验检测报告或证书中还需要包括测量不确定度的信息； （4）适用且需要时，提出意见和解释； （5）特定检验检测方法或所需要求的附加信息。报告或证书中可能影响结果的有效性时，应有明确的标识。当客户提供的信息可能影响结果的有效性时，报告或证书中应有免责声明	1. 检验检测机构对检验检测方法是否有偏离、增加或删减的信息，以及特定检验检测条件的信息，如环境条件。 2. 检验检测标准、规范是否有符合（或不符合）要求、规范的声明，是否做出判别。 3. 当方法对有要求时，是否有评定测量不确定度的声明。 4. 客户有要求时，是否做出意见和解释。 5. 报告是否包括了特定检验检测方法或使用客户所提供的数据时，报告或证书中涉及使用客户提供的信息。当客户提供的信息可能影响检验检测结果的有效性时，报告或证书中是否有免责声明						
4.5.22	抽样结果							
	检验检测机构从事抽样时，应有完整、充分的信息支撑其检验检测报告或证书	1. 当需要抽样时，是否有清晰标识（适当时，包括制造者的名称、标示的型号或类型和相应的系列号）。 2. 是否有抽样日期。 3. 是否有抽样位置，包括简图、草图或照片。 4. 抽样计划和程序是否在现场可获得。 5. 抽样过程中可能影响检验检测结果的详细信息。 6. 抽样时，是否按照抽样方法或程序进行，当对这些标准和技术规范的偏离、增加或删减时，机构是否做出规定						

续表 4-10

序号	评审内容	评审要点	评审记录	评审意见				整改项及说明
				符合	基本符合	不符合	不适用	
4.5.23	意见和解释 当需要对报告或证书做出意见和解释时，检验检测机构应将意见和解释的依据形成文件。意见和解释应在检验检测报告或证书中清晰标注	1. 检验检测机构做出"意见和解释"是否有文件规定；对检验检测报告或证书做出意见和解释的人员是否具有相应能力，是否经过授权。 2. 检验检测报告或证书的"意见和解释"是否在客户有要求时进行，是否进行了合同评审。 3. 当通过直接对话向客户来传达"意见和解释"时，这些对话和交流是否有记录						
4.5.24	分包结果 当检验检测报告或证书包含了由分包方出具的检验检测结果时，这些结果应予以清晰标识	按照 4.5.5 条款的条文义进行评审						
4.5.25	结果传送和格式 当用电话、传真其他电子或电磁方式传送检验检测结果时，应满足本准则对数据控制的要求	1. 当需要使用电话、传真或其他电子（电磁）手段来传送检验检测结果时，检验检测机构是否采取相关措施确保数据和结果的安全性、有效性和完整性（见 4.5.16），当客户要求的记录使用该方式传输数据和结果时，检验检测机构是否有客户要求的记录，是否确认接收方身份后方传送结果，是否实为客户保密。 2. 当客户要求保持检验检测数据和结果电子传输的程序，是否确保检测数据或发布后的检验检测数据和结果发布的程序，是否确保检验检测机构是否确立和保持检测数据电子发布的岗位职责，对发布的检验检测数据和结果进行审核。 3. 检验检测类型，尽量减小所发布的格式误解或误用的可能性，检验检测数据和结果的表达方式，对发布的格式是否适用于所进行的各种检验检测类型，尽量减小的报告或证书误解或误用的可能性，报告或证书中的表头是否标准化						

续表 4-10

序号	评审内容	评审要点	评审记录	评审意见				整改项及说明
				符合	基本符合	不符合	不适用	
4.5.26	修改 检验检测报告或证书签发后，若有更正或增补时，应予以记录。修订的报告或证书应标明所代替的报告或证书，并注以唯一性标识	1. 当需要对已发出的结果报告做更正或增补时，是否按规定的程序执行，是否详细记录更正或增补的内容，重新编制新的更正或增补检验检测报告或证书，是否标注以区别于原检验检测报告或证书的唯一性标识。 2. 若原检验检测报告或证书不能收回，是否在发出新的更正或增补的检验检测报告或证书的同时，声明原检验检测报告或证书可能导致其他潜在受到影响或者损失的，检验检测机构是否通过公开渠道声明原检验检测报告或证书作废。原检验检测报告或证书作废的，检验检测机构应声明作废，并承担相应责任。						
4.5.27	记录和保存 检验检测机构应当对检验检测原始记录、报告或证书归档留存，保证其具有可追溯性。检验检测原始记录、报告或证书的保存期限不少于6年	1. 检查检验检测机构是否在管理体系文件中对各类记录的归档保存提出明确的管理要求。 2. 检验检测机构是否已将每一次检验检测的合同（委托书）、检验检测原始记录、检验检测报告副本等一并归档。 3. 检验检测原始记录、报告或证书档案另有要求，报告或证书档案的保管期限是否不少于6年，若评审补充要求另有要求是否已按评审补充要求执行						

被审核者签名：

注：1. 在评审核意见相应栏内划√；
2. 不符合类别：管理体系文件未覆盖适用的《管理办法》《通用要求》和标准的相关要求，或管理体系机构适用的实际情况，为体系性不符合；管理体系文件已覆盖适用的《管理办法》《通用要求》和标准的相关要求，而运行时未按其要求去实施或实施不规范，为实施性不符合；管理体系文件已覆盖适用的《管理办法》《通用要求》和标准的相关要求，但实施未达到预期效果，为效果性不符合。
3. 不符合程度：体系性不符合，或对检验检测结果产生连续失控影响的不符合，或怀疑《检验检测报告》所列检验检测结果存在质量问题的不符合，为严重不符合；一般性不符合和实施不规范及不属于严重不符合的不符合，为一般不符合。
4. 不符合范本为整改项，应在说明栏内把事实描述清楚并说明不符合类别。

审核者签名：
审核组长签名：
审核人员签名：

(3)发布审核通知。审核通知应包括日期、参加人员以及具体要求等。其作用是告知员工,使其足够重视,安排好手头工作,从而保证参加人数。同时,做好整理和归档记录资料等工作。

3.现场审核

1)首次会议

与外审一样,内审也要举行首次会议。首次会议一般由质量负责人主持,其议程如下:

(1)检验检测机构领导讲话,强调内审的重要性,表明领导的决心,提出内审要求等。

(2)审核组组长介绍审核目的、范围、依据、审核日程、审核组成员和分工等。

(3)审核组与各部门确认现场试验项目、参数、方法以及监督人员等。首次会议要有会议记录和出席人员签到表。首次会议的参加人员应包括:检验检测机构领导、质量负责人、技术负责人、各部门负责人、文件资料管理员、仪器设备管理员、样品管理员、授权签字人、内审员、监督员等。对小型检验检测机构,基本上是全体参加。内部审核首次会议一般半小时即可完毕,会议后可立即进行审核,不一定要有参观现场的内容。

2)现场审核

现场审核应按预定的计划和分工进行,有时需要根据现场的实际情况对计划和日程表进行适当调整。

3)内部交流

审核组在适当的时候可以进行内部交流,交流讨论审核中发现的问题,协调审核进度、统一审核尺度,安排下一步工作。

4)与部门负责人交换意见

评审组在某个部门审核结束并基本形成审核意见后,与部门负责人交换意见,确认不符合项。

5)末次会议

末次会议的参加人员应与首次会议的参加人员相同,至少基本相同。

末次会议的议程如下:

(1)评审组组长介绍评审情况,宣布评审结论。

(2)各部门提出整改和纠正措施方案,商定完成时间。

(3)领导讲话。检验检测机构领导应对本次内审的严肃性、认真性提出批评或表扬意见,对内审的效果做总结。

末次会议同样要有会议记录和签到表。

4.编制审核报告

审核报告一般由审核组长编写,由质量负责人批准。在末次会议结束后的短时间内完成并传发给参会人员,使其得知审核的情况,便于采取纠正或应对风险和机遇的措施。

报告应当总结审核结果,并包括以下信息:

(1)审核组成员的名单。

(2)审核日期。

(3)审核区域。

（4）被检查的所有区域的详细情况。

（5）机构运作中值得肯定或好的方面。

（6）确定的不符合项及其对应的相关文件条款。

（7）改进建议（无须采取纠正措施的不符合项可按改进建议处理）。

（8）商定的纠正措施及其完成时间，以及负责实施纠正措施的人员。

（9）采取的纠正措施。

（10）确认完成纠正措施的日期。

（11）质量负责人确认完成纠正措施的签名。

审核报告还可附有不符合项和改进建议的统计资料。

5. 制订和实施纠正措施

纠正措施已在末次会议上讨论过，会后要填表确认并付诸实施。

不符合事实描述尽量具体明确，其余各栏目内容也需填写充分，勿用"已纠正""已验证"等空泛词汇一语带过。当不符合项可能危及检测、校准或检查结果时，应当停止相关的活动，直至采取适当的纠正措施，并证实所采取的纠正措施取得了满意的结果。另外，对不符合项可能已经影响到的结果，应进行调查。如果对相应的检测、校准证书/报告的有效性产生怀疑，应当通知客户。

6. 跟踪和验证

检验检测机构应对纠正措施和应对风险和机遇的实施效果进行跟踪和验证。细分起来，"跟踪"和"验证"有所区别："跟踪"是查验措施是否得到了实施，"验证"是检查实施效果如何。但一般不加以区分，而是笼统地称为"跟踪验证"。总之这一阶段有三个方面要检查：

（1）不符合工作的纠正情况。

（2）纠正或应对风险和机遇的实施的落实完成情况。

（3）纠正或应对风险和机遇的实施的有效性。

对于严重的不符合项还要编写跟踪验证报告。

（三）审核方式与技巧

作为一个审核员，除应具备敏锐的观察力以及较强的分析判断能力外，还应具备较好的语言文字表达能力。

实际上，对审核员来说，熟悉通用要求和体系文件是最关键的，其次才是审核方式和技巧，而方式和技巧并不是单纯从书本上能学得到的，需要在实际工作中丰富和积累。内审员应对本单位的情况很了解，内部审核时只需按照《通用要求》逐条逐款、认真地进行下去，一般都能达到预期要求，并不需要过高的审核技巧。而外审员由于对被审核方的情况不一定很熟悉，同时在短时间内需要获得足够而真实的信息，做出客观的判断，则需要讲究一些审核的方法和技巧，以提高审核的效率，保证审核的效果。以下是关于审核方式和技巧的探讨。

1. 审核的方式

审核的方式大体上可以分为纵向审核和横向审核两种方式。纵向审核就是按照检测工作的流程进行审核，即从样品采集、制备、运送，到仪器操作、质量控制、数据获取和处理、结果报告,最终至报告发送、存档等逐个环节进行,将会涉及一些相关的要素或部门。可以选择若干个项目参数进行纵向审核。如果按从样品采集到报告发出的顺序,则称顺向审核;反之则为逆向审核。这种审核方式的好处是审核较深入,易发现深层次的问题;缺点是容易遗漏要素或部门。一般适宜于监督检查。

横向审核是按照要素或部门全面展开审核,涉及检测工作的各个环节。这种审核方式的好处是审核全面,不会遗漏要素或部门,但缺点是审核容易停留在表面,不易发现深层次的问题。主张初次内审以横向审核为主,发现问题再补之以纵向审核,而且不必过分拘泥于纵向还是横向,因为审核情况是复杂的,随时需要应变。

在审核时应采取查、看、问、听、验等多种方式:

(1)查:查文件、查记录、查报告。

(2)看:看操作、看环境、看现场。

(3)问:问岗位、问职责、问标准、问规定。

(4)听:从回答中进一步分析情况。

(5)验:验证核实,可以通过比对试验、盲样检测、样品复测等手段实行。

2. 审核技巧

技巧从实践中来,但审核中有些事情值得注意:

(1)抓住质量和能力等关键,不要在枝节问题上与被审核方纠缠不休,例如:有些审核员在文件的个别词句乃至标点符号上大做文章,实无必要。

(2)以事实为依据,不搞推理,不提出超越准则和文件规定的要求,不以本单位本部门的做法为准绳,不用模糊不清或笼统否定的语言给审核方造成困惑。

(3)注意谈话方式和态度,认真而谦虚,严肃而和蔼,有理有节,尽力沟通,让被审核方心服口服才是高手,以势压人恰恰是低能的表现。

二、管理评审

(一)管理评审实质

管理评审是检验检测机构最高管理者根据质量方针和质量目标对质量管理体系的适宜性、充分性、有效性和效率进行定期的系统评价。与内部审核一样,管理评审也是检验检测机构实现持续改进的重要举措。管理评审一词源自国际标准,用中国人习惯的语言表述就是"质量管理工作评价和总结"。内部审核应该突出一个"查"字,管理评审应该突出一个"评"字。查而不评,没有结果;评而不查,则无依据。所以,内部审核和管理评审是相辅相成的。

管理评审是周期性的、系统的活动,一般以 12 个月为一个周期,此外内审和外审后应安排一次管理评审。管理评审涉及检验检测机构管理体系覆盖的所有部门、区域和专业领域中与检测/校准工作和服务有关的活动。

(二)管理评审策划

检验检测机构最高管理者负责策划和组织实施管理评审,质量负责人、技术负责人协助最高管理者进行具体的准备工作。

管理评审策划的主要内容有:

(1)评审的具体目的,即要解决的问题。

(2)评审的范围,如涉及的部门、区域等。

(3)需要输入的信息。

(4)参加人员。

(5)评审的时机。

(6)评审的方式。

尽管管理评审通常为会议形式,但必要时也可以采用现场观摩比较、能力分析、绩效评估、结果验证等方式。例如,测量不确定度评定就可以看作是一种管理评审或管理评审的一项活动,因为其实质是对检测结果的质量和水平的评价量化的评价。通过测量不确定度评估可以定量判断检测适宜性、有效性。

检验检测机构在策划的基础上制订管理评审计划和日程表,可以参考《管理评审计划》和《管理评审日程表》。

【例4-14】 管理评审计划和日程表(见表4-11和表4-12)。

表4-11 ××××年管理评审计划

评审目的	对管理体系的现状和适应性进行评价,衡量管理体系是否符合实际状况,评价管理体系对管理工作是否有效,能否保证质量方针和质量目标的实现、质量体系持续适用、有效,并能不断改进	
评审范围	(部门、区域、领域)全中心	
评审依据	《通用要求》;×××中心管理体系文件	
参加人员	管理评审的参加人员为中层以上的干部,包括:中心主任(副主任)、技术负责人、质量负责人、部门负责人、授权签字人、内审员、监督员等。必要时可以让其他有关人员参加	
评审内容(管理体系充分性、适宜性、有效性和效率等)与顺序		负责人
(1)检验检测机构相关的内外部因素的变化		×××
(2)目标的可行性		×××
(3)政策和程序的适用性		×××
(4)以前管理评审所采取措施的情况		×××
(5)近期内部审核的结果		×××
(6)纠正措施		×××
(7)由外部机构进行的评审		×××
(8)工作量和工作类型的变化或检验检测机构活动范围的变化		×××

续表 4-11

评审内容(管理体系充分性、适宜性、有效性和效率等)与顺序	负责人
(9)客户和员工的反馈	×××
(10)投诉	×××
(11)实施改进的有效性	×××
(12)资源配备的合理性	×××
(13)风险识别的可控性	×××
(14)结果质量的保障性	×××
(15)其他相关因素,如监督活动和培训	×××
(16)日常管理会议中有关议题的研究	×××

评审准备工作要求	各相关负责人或单位于××××年××月××日 16:00 之前把相关报告交办公室		
评审时间	××××年××月××日	地点	中心会议室

编制人:×××　　　　日期:××××年××月××日　　　　批准人:×××　　　　日期:××××年××月××日

表 4-12　管理评审日程

第　页　共　页

日期	时间	工作内容	备注
×××× -×× -××	08:30~09:00	最高管理者宣读评审通知单,宣讲评审目的、内容、依据、方法和要求,宣布评审日程安排	
	09:00~11:00	各相关负责人按以下顺序汇报管理评审输入信息: (1)检验检测机构相关的内外部因素的变化; (2)目标的可行性; (3)政策和程序的适用性; (4)以前管理评审所采取措施的情况; (5)近期内部审核的结果; (6)纠正措施; (7)由外部机构进行的评审; (8)工作量和工作类型的变化或检验检测机构活动范围的变化; (9)客户和员工的反馈; (10)投诉; (11)实施改进的有效性; (12)资源配备的合理性; (13)风险识别的可控性; (14)结果质量的保障性; (15)其他相关因素,如监督活动和培训; (16)日常管理会议中有关议题的研究	
	11:00~12:00	讨论议题1	

续表 4-12

日期	时间	工作内容	备注
×××	14:30~15:30	讨论议题 2	
	15:30~16:00	讨论议题 3	
	16:00~16:30	归纳与总结	
	16:30~17:00	产生决议	
	17:00~17:30	拟订下一步工作计划,落实责任岗位或部门	
	17:30~18:00	管理层(最高管理者)指出管理体系运行中存在的主要问题;并对管理体系进行评价;最后宣读管理评审决议。散会	
会议人员	主持人	管理层(最高管理者)	
	参加人	中层以上的干部及关键岗位人员,包括:中心主任(副主任)、技术负责人、质量负责人、部门负责人、授权签字人、内审员、监督员等。必要时可以让其他有关人员参加	

编制人:×××　　　日期:××××年××月××日　　　批准人:×××　　　日期:××××年××月××日

(三)管理评审信息输入

可根据每次管理评审的议题准备,详见上述管理评审计划和日程表的相关内容。输入信息应在管理评审会议前分别由相关人员准备,这些信息可以有两种形式:职能部门及业务部门的工作报告,即按部门的职责分别报告上述信息。

(四)管理评审的内容

管理评审要研究和讨论的议题通常包括以下几个方面:

(1)检验检测机构管理体系建立和运行的充分性和适宜性评价。

主要从资源和管理职责的角度进行评审,包括硬件资源和软件资源。例如,管理人员和技术人员、仪器设备、设施和环境、检测方法、抽样和样品处置方法、体系文件、信息和资料、记录、报告等,还包括质量方针和目标、组织机构、岗位、职责、权限等,最终做出体系的充分性、适宜性评价。

(2)检验检测机构管理体系建立和运行的有效性评价。

主要从过程和系统的角度评审,例如,文件控制过程、记录管理过程、人力资源控制过程、抽样和样品管理过程、量值溯源过程、仪器设备维护/核查过程、检测工作流程、质量控制过程、质量改进过程、结果报告过程等,以及过程之间的相互作用、相互关系,最终做出体系的有效性评价。因为质量管理的八项原则中有两项就是过程方法和管理的系统方法。

(3)检测结果以及服务质量是否符合规范和满足客户要求,是否需要改进。

（4）市场变化给检验检测机构带来的压力和机遇，是否需要调整检测项目、扩充或压缩资源、提高效率、降低成本。

（5）检验检测机构内、外部环境变化的影响，是否需要进行某些机制改革或体系改进。

（6）日常管理会议的有关议题：包括人员任命、机构岗位变动、资源调整、文件修订等。

为便于讨论，这些议题可以进一步细化或分专题讨论。管理评审还应紧扣充分性、适宜性、有效性的主题。充分性是回答"够不够"的问题；适宜性是回答是否适合当前时宜，是否适合所进行的工作的问题；有效性是指是否实现了策划的目标，是否达到了预期的效果。此外，管理评审还应讨论和分析效率与成本问题，有时尽管充分性、适宜性、有效性都满足要求，但是效率低、成本高，检验检测机构也不能承受。以上这些评价活动与内审的符合性检查完全不同。与内部审核相比，管理评审有一定难度，因为它的议题比较广泛，结论也无定式；它着眼于宏观的、体系的、"战略"的方面，而不像内审逐条逐款进行，非常具体明确。所以，相当一部分检验检测机构管理评审做得不好。

（五）管理评审结果

管理评审的结果应形成评审报告。管理评审报告格式和内容示例如下。

【例 4-15】 管理评审报告格式和内容（见表 4-13）。

表 4-13 ××××年管理评审报告

第 页 共 页

1	评审目的	对管理体系的现状和适应性及有效性进行评价。评价管理体系是否与我中心实际工作相适应；管理体系对管理工作是否有效；能否保证质量方针和质量目标的实现；管理体系能否持续有效运行
2	评审依据	2.1 《通用要求》 2.2 管理体系文件
3	管理评审预备会议	3.1 会议时间、地点：××××年××月××日下午，中心一楼会议室 3.2 主持人：中心主任 3.3 中层以上的干部及关键岗位人员，包括：中心主任（副主任）、技术负责人、质量负责人、内审组长、各单位（部门）负责人、授权签字人、内审员、监督员等 3.4 会议内容：质量体系管理评审主要内容及分工，会议日程安排
4	管理评审会议	4.1 会议时间、地点：××××年××月××日，中心一楼会议室 4.2 主持人：中心主任 4.3 中层以上的干部及关键岗位人员，包括：副主任、技术负责人、质量负责人、内审组长、各单位（部门）负责人、授权签字人、内审员、监督员等。必要时可以让其他有关人员参加

续表4-13

5	管理评审内容	5.1　检验检测机构相关的内外部因素的变化:×××汇报 5.2　目标的可行性:×××汇报 5.3　政策和程序的适用性:×××汇报 5.4　以前管理评审所采取措施的情况:×××汇报 5.5　近期内部审核的结果:×××汇报 5.6　纠正措施:×××汇报 5.7　由外部机构进行的评审:×××汇报 5.8　工作量和工作类型的变化或检验检测机构活动范围的变化:×××汇报 5.9　客户和员工的反馈:×××汇报 5.10　投诉:×××汇报 5.11　实施改进的有效性:×××汇报 5.12　资源配备的合理性:×××汇报 5.13　风险识别的可控性:×××汇报 5.14　结果质量的保障性:×××汇报 5.15　其他相关因素,如监督活动和培训:×××汇报 5.16　日常管理会议中有关议题的研究:×××汇报
6	管理评审会议进程	6.1　管理层(最高管理者)宣读评审通知单,宣讲评审目的、内容、依据、方法和要求,宣布评审日程安排 6.2　各单位(部门)负责人、内审组长和其他相关人员按顺序汇报 6.3　讨论议题1、2、3 6.4　归纳与总结 6.5　产生决议
7	主要存在的问题	7.1　部分检验检测人员对《通用要求》和管理体系文件学习和理解不够 7.2　记录填写不规范,内部校准不认真 7.3　记录、报告和相关技术材料归档不及时 7.4　技术档案管理不规范,材料收集不全、不及时 7.5　内部审核发现7个不符合项,完成了6项整改
8	管理体系评价	中心××××年管理体系的运行基本符合《通用要求》的要求,质量方针在检验检测工作中得到执行,质量目标除数据差错率不大于5%(实际8.6%)外,其余4项均达到目标要求。通过监督、监控结果有效性和内部审核等活动,促进了管理体系的有效运行,使管理体系各要素基本得到控制,质量活动的开展基本达到预期目标。通过对管理体系的管理评审,进行必要的改进,确保了我中心管理体系能持续适应检验检测工作,并能在工作中得到有效运行,满足资质认定管理部门和客户的要求

续表 4-13

9	会议决议	9.1　进一步强化《通用要求》和管理体系文件的学习、宣贯 办公室××××年××月底前制订"××××年《通用要求》和管理体系文件的学习、宣贯和考核计划",并负责组织实施。 9.2　进行质量记录和技术记录规范填写培训 ××××年××月底前办公室按照《通用要求》和相关标准记录填写的技术要求,负责组织对各科室检验检测人员进行质量记录和技术记录的规范填写培训。 9.3　加强技术档案的管理,规范各类记录、报告和相关技术资料的归档工作 办公室负责修订档案管理制度,增加记录、报告和各类技术资料归档时间与内容的要求;增加各类技术档案的保存期限规定;增加档案管理职责——负责定期整理技术档案,负责通知各科室按时将检验检测工作产生的技术记录、质量记录和相关技术资料归档。 9.4　对管理体系运行中主要影响检验检测质量的问题,分析原因,提出整改措施,并完善应对风险和机遇的措施(各科室制定,报办公室) 各科室根据检验检测工作程序、方法及过程的技术要求,对可能影响检验检测质量的潜在不符合因素加以分析,制订相应的应对风险和机遇的措施,防止不符合工作的发生。在环境监测工作中需制订以下10类应对风险和机遇的措施:监测方案,点位布设,现场监测,样品采集,样品保存与运输,样品制备与储存,实验室环境,样品前处理与分析,数据处理,传输与审核,监测报告和综合报告。 9.5　加强检验检测仪器的量值溯源,满足检验检测工作的有效使用 检测室于××××年××月××日前提交在用仪器量值溯源计划,计划要充分考虑××××年的中心任务量和仪器使用频次,量值溯源的仪器种类和数量要满足检验检测工作的需求。(报办公室) 9.6　合同管理制度(修订内容)(办公室负责修订) (1)修订"1 目的"条款。 (2)修订"2 职责"中的3.1、3.2条款。 (3)修订"4.2 合同评审"条款。 9.7　档案管理制度(修订内容)(办公室负责修订) (1)将"业务档案管理制度"改为"技术档案管理制度"。 (2)修订"1 总则"中的1.1、1.2、1.4条款。 (3)修订"2 业务档案的归档"中的2.1.2、2.1.3、2.2.1、2.2.2条款。 (4)修订"3 业务档案的管理"中的3.2、3.4、3.5条款
10	审批意见	编写:　　　　　　　　审核:　　　　　　　　批准: 　年　月　日　　　　　年　月　日　　　　　年　月　日

管理评审决议应列入下一年度或下一阶段工作计划,工作计划应包括方针、目标、要求、措施、责任岗位或部门、预期进度等。

第六节　体系文件运行改进

一、不符合工作

(一)不符合项的识别和处置

"符合(合格)"是指满足要求,"不符合(不合格)"是指"未满足要求。

就检验检测机构认定而言,"要求"包括(但不限于)《通用要求》及其管理体系文件、合同或委托书或客户的要求、法律法规、法定管理机构的要求等。

"不符合类型"包括文件性不符合、实施性不符合和效果性不符合。①文件性不符合包括(但不限于)《质量手册》或未有效覆盖《通用要求》条款(剪裁的要求和条款除外),或《质量手册》规定的管理要求与检验检测机构实际情况不符;程序文件或未有效规定实现《质量手册》规定管理要求的实施途径,或程序文件规定的实施途径、或检验检测方法的附加细则或设备操作和物品处置指导书的规定与检验检测机构实际情况不符,可操作性欠佳;程序文件、检验检测方法及其所需的附加细则所列用于记录的表格要求的信息不充分。②实施性不符合包括(但不限于)程序文件、检验检测方法及所需的附加细则、设备操作和物品处置指导书没有很好的实施。③效果性不符合可解读为,实施了程序文件、或检验检测方法及其所需附加细则或设备操作和物品处置指导书,但未达到预期效果。

"不符合检验检测工作"应解读为可能发生在管理体系和技术运作的各个环节的不符合项,涉及《通用要求》中的全部管理要求和技术要求。

评审组文件审核和现场评审时发现的不符合项涉及各项管理要求和技术要求。例如,最高管理者或技术负责人或质量负责人、变更未及时备案。不能提供管理体系文件定期审查记录。提供审查的合同评审记录(编号××)未包含检验检测方法。合同(编号××)未规定检验检测方法但不能提供选择检验检测方法后通知客户的记录。不能提供合格分包方评价记录和合格分包方名录。不能提供影响测量结果的试剂和消耗材料的识别记录。不能提供客户负面反馈意见(编号××)和客户投诉(编号××)的处置记录,《不符合项报告》(文件标识××)及生成的记录(编号××)未见"纠正"和"纠正措施"选择信息栏目及相应的信息。《纠正措施记录》(文件标识××)未见"原因分析"栏目并且生成的记录(编号××)未涉及原因分析信息。《应对风险和机遇记录》(文件标识××)未见"潜在原因分析"栏目。不能提供规定各种记录保存期限的文件。提供审查的《内部审核检查表》(编号××)仅包含《通用要求》部分要求的标题。提供审查的管理评审的输入材料仅见各职能部门和专业室的管理体系运行材料。仅提供各多地点场所分部的《管理评审报告》,不能提供检测岗位员工的授权记录和对岗位员工的监督记录。现场观察时发现食品样品和地质样品共用天平室、样品处理室和测量设备。不能提供数据转移检查程序。不能提供《校准证书》(编号××)所列校准结果是否满足检验检测机构规范要求和相应的标准规范的确认记录。不能提供内部标准物质期间核查计划。抽样记录(编号××)未包含抽样位置示意图。检测现场未见检测物品的检测状态标识。不能提供测量结果质量保证监控数据的统计分析记录。更改后发布的编号××《检测报告》其编号与更改前该《检测报告》的编号相同等。

为及时识别和处置可能存在的不符合项,检验检测机构应建立、实施和保持《不符合项控制程序》,以便在管理体系运作的任何方面发生不符合项时予以实施。

《不符合项控制程序》应明确规定程序运行的职能部门及其责任和权力,包括(但不限于)识别存在的不符合项及所采取的措施评价不符合工作的严重性,立即采取纠正的措施,规定批准恢复工作的职责;如检验检测工作正在进行,必要时暂停工作,通知客户并取消工作;如检验检测工作已经完成,必要时扣发《检测报告》和《校准证书》。

部分检验检测机构对《通用要求》不符合项控制要求与其他要求的互相联系和相互作用的关系认识不足,往往同时存在多种事实上的《不符合报告》格式及记录,如《不符合项报告》《内审不符合报告》等;而且,这些《不符合报告》格式的信息大体相似,如都包含不符合项描述、采取的纠正措施及其完成时间、跟踪验证、批准等信息,但通常没有包含是采取措施纠正,还是采取纠正措施判定,以及不符合项原因分析方面的信息;实际上,采取的所谓"纠正措施"往往属于"纠正"的范畴,而不是真正意义上的"纠正措施"。

现场评审时发现,一些检验检测机构提供的《不符合报告》往往不是描述发现的与审核准则有关的,并能够证实的记录、事实陈述或其他信息,而是使用类似不符合项的结论性词语,如记录信息不够、设备没有及时送检、采购的易耗品没有检查等。

(二)不符合项和观察项

1.不符合项和观察项的判定依据

(1)管理体系文件符合性的判定依据是《通用要求》。

(2)管理体系运行过程、运行记录、人员操作的符合性的判定依据是管理体系文件(包括《质量手册》、程序文件、作业指导书、表格等)、检验检测方法。

2.不符合项

(1)不符合项报告描述的不符合项应事实清楚、证据确凿。不符合项描述应严格引用客观证据,如发现不符合项的具体的检测记录、《检测报告》或《校准证书》、检验检测方法及具体的检验检测活动岗位等。在保证可追溯的前提下,应尽可能简洁,不加修饰,不使用结论性词语,对事不对人。

(2)对于多个同类型的不符合项,应汇总成一个典型的不符合项。

(3)对多场所检验检测机构,各个场所检验检测机构都发现的同类型或相同的不符合项,统一出具一份不符合项;如果属于总部的管理问题,不符合项应开在总部的管理机构;如果仅涉及部分场所检验检测机构,可在不符合项报告中注明发现不符合项的相应分场所。

(4)对于不符合项报告,检验检测机构应提交整改报告及其相应的见证材料。

(5)初次现场评审时发现的不符合项整改期限最长为3个月;监督评审时发现的不符合项整改期限最长为2个月,对影响检验检测结果的不符合项,应在1个月内完成。

3.观察项

(1)观察项报告对发现事实描述的要求与不符合项报告相同,应将事实描述清楚,以便检验检测机构进一步调查和落实。

(2)出具观察项,是为了提醒检验检测机构关注观察项反映的事实,纳入检验检测机构改进系统,必要时应制订纠正措施或应对风险和机遇的措施。

(3)对于观察项,通常不要求检验检测机构提供观察项的书面整改报告,但检验检测机构应在现场评审整改材料中对观察项进行说明,随整改材料上报。

二、纠正措施

(一)纠正措施需求的识别

检验检测机构应通过趋势分析和风险分析,评价和识别已发生的不符合项采取纠正措施的需求。当评价表明,不符合项可能再度发生,或不符合项引起对检验检测机构管理体系运行与相应的程序文件的符合性和技术运作与相应的检验检测方法的符合性产生怀疑,或发生重大检验检测质量事故,或危及检验检测机构的检验检测业务时,检验检测机构应在采取措施对已发生的不符合项进行纠正的同时,按照《纠正措施程序》规定,采取相应的纠正措施。保存对不符合项的评价、纠正和纠正措施的记录。

检验检测机构应建立、实施和保持《纠正措施程序》,以便在识别需要采取纠正措施的不符合项时,实施纠正措施。《纠正措施程序》应规定归口管理职能部门及其职责。确认并描述需要采取纠正措施的不符合项;规定检验检测机构应总结上年度至本年度管理评审期间的所有纠正措施实施情况作为管理评审的输入材料之一。

(二)不符合项的原因分析

《纠正措施程序》应规定调查和分析并确定不符合项的根本原因,生成相应的调查和分析记录。

原因分析是纠正措施程序中最关键有时也是最困难的部分。根本原因通常并不明显,因此需要仔细分析产生问题的所有可能的原因,包括(但不限于)机构和岗位设置及其职责、管理体系文件、客户的要求、试剂和消耗品、员工的技能和培训、检验检测活动的环境条件、检验检测方法和程序、设备及其校准、检验检测物品及其规格等方面的原因。

(三)纠正措施的选择、实施、监控和附加审核

需要采取纠正措施时,检验检测机构应分析和识别各种可能情况,选择适宜的、最能消除和防止已发生或类似不符合项再次发生的措施,制订选择的纠正措施的实施计划,将采取的纠正措施制订成文件,实施选择的纠正措施,记录并保存实施纠正措施情况及取得的结果以及对不符合项原因的调查和分析情况。采取的纠正措施应与不符合项的严重程度和风险大小相适应。

检验检测机构应跟踪和验证采取的纠正措施,监控和评审纠正措施的有效性。检验检测机构应将行之有效的纠正措施制订成文件,纳入管理体系文件管理。

当不符合项引起对检验检测机构管理体系运行和技术运作与相应的程序文件的符合性产生怀疑,或发生重大检验检测质量事故,或对危及检验检测机构的检验检测业务时,检验检测机构应实施《纠正措施程序》。采取纠正措施后,按《内部审核程序》对相关的区域进行附加审核,以验证纠正措施的有效性。

【例4-16】 某小型会议室使用纸杯饮水,风从敞开的窗户将剩下少许饮水纸杯吹倒;纸杯的正常状态是立着的,吹倒了,对纸杯而言,发生了不符合;将纸杯扶起呈立着的状态,这是"纠正"活动;分析纸杯吹倒的原因有:有风,窗户敞开,纸杯太轻,纸杯中饮水

太少。风是自然现象,人无法改变。针对上述原因,可供选择的"纠正措施"有:窗户敞开,可关闭窗户,但夏日炎炎,影响空气对流,空气质量不好,不适用;纸杯太轻,改用瓷杯或金属杯,同时配备消毒间和消毒工具,但一次性投入太大,还要配备消毒人员和消毒剂,瓷杯的损坏率大,运行成本大,对小型会议室不适用;纸杯中饮水太少,让会议室工作人员勤为纸杯添水,可能会影响会议秩序和效果,不很适用。考虑风险和成本后,决定采取添加杯托和让会议室工作人员适当增加为纸杯添水的次数。

(四)不符合项、纠正、纠正措施和附加审核的关系

《通用要求》要求检验检测机构对确认的不符合项立即进行纠正;当评价表明不符合项可能再度发生,或对检验检测机构的运作与其质量手册和程序文件的符合性产生怀疑时,应立即执行纠正措施程序;仅在证实了不符合项涉及的问题严重或对业务有危害时,才有必要在纠正措施实施后进行附加审核,以确定纠正措施的有效性。

三、应对风险和机遇的措施

(一)应对风险和机遇需求识别

检验检测机构应通过对运行程序的审核和数据分析,识别潜在不符合项和其他潜在不期望情况。运作程序包括管理性程序文件、技术性程序文件和检验检测的校准方法。数据分析包括对趋势分析和风险分析的结果、能力验证和检验检测机构间比对和测量审核的结果、测量结果和质量保证监控结果的分析。

检验检测机构应建立、实施和保持《应对风险和机遇的程序》,以便在分析和识别潜在不符合或其他不期望情况,以及所需的改进活动时,采取应对风险和机遇的措施。《应对风险和机遇的程序》应规定归口管理职能部门,识别、确认并描述需要采取应对风险和机遇的措施的潜在不符合项;规定检验检测机构应总结上年度至本年度管理评审期间的所有应对风险和机遇的措施实施情况作为管理评审的输入材料之一。

(二)潜在不符合项原因分析

潜在不符合项的原因分析是应对风险和机遇程序中最关键的因素,有时也是最困难的部分。潜在不符合项的根本原因通常并不明显,因此需要仔细分析产生潜在不符合项的所有可能的原因,包括(但不限于)检验检测机构和岗位的设置及其职责、管理体系文件、客户的要求、试剂和消耗品、员工的技能和培训、检验检测活动的环境条件、检验检测方法和程序、设备、校准、检验检测物品及其规格等方面。

(三)应对风险和机遇的选择、实施和监控

需要采取应对风险和机遇的措施时,检验检测机构应通过对潜在不符合项的原因分析,识别各种可能的应对风险和机遇的措施,选择和实施适宜的,最能消除潜在不符合项原因的措施,制订应对风险和机遇的计划,将采取的应对风险和机遇的措施制订成文件并实施,记录并保存应对风险和机遇的措施情况及取得的结果,以及对潜在不符合项原因的调查和分析情况。采取的应对风险和机遇的措施应与潜在不符合项的严重程度和风险大小相适应。

检验检测机构应跟踪和验证采取的应对风险和机遇的措施,监控和评审应对风险和机遇的措施的有效性。检验检测机构应将行之有效的应对风险和机遇的措施制订成文

件,纳入管理体系文件管理。

(四)纠正、纠正措施和应对风险和机遇的措施关系

纠正是"为消除已发现的不符合所采取的措施",只是"就事论事",是"返修"或"返工",是对现有的不符合所进行的当机立断的补救措施,不涉及不符合工作产生的原因,因此该类不符合今后可能还会重复发生。例如,在审核报告时发现编写没有对样品状态进行描述等内容,当即将遗漏内容补写,避免不完整信息报告发放到客户手中。纠正措施是"为消除已发现的不符合或其他不期望情况的原因所采取的措施",针对的是产生不符合或其他不期望情况的原因,是"追本溯源",一个不符合可能有若干个原因,采取纠正措施就是要找出问题的原因,消除原因,防止再发生。如通过建立固定报告格式,确保今后不再出现信息不全的错误。应对风险和机遇的措施是为"消除潜在不合格或其他潜在不期望情况的原因所采取的措施",往往是从分析中得到这种预见和趋势后实施的,是"未雨绸缪",是主动措施,而前两者是被动措施。用中医的话来说,纠正是"治标",纠正措施是"标本兼治",应对风险和机遇的措施是"防患于未然"。纠正和纠正措施是事后的和被动地识别改进的机会及改进措施的过程,应对风险和机遇的措施是事前的和主动地识别改进的机会及改进措施的过程。

【例4-17】 某检验检测机构对某过渡元素测量结果的质量保证监控数据控制图表明,某次有证标准物质(粉末)的监控结果偏高,超出上控制限。该检验检测机构做出暂时扣发《检测报告》的决定。该检验检测机构审查工作标准溶液配制记录发现,配制过程未保持有证标准物质(溶液)要求的溶液酸度,导致配制时该过渡元素水解,使实际工作标准溶液浓度低于配制的标准浓度,同时发现,检测现场没有该工作标准溶液配制指导书;为此,该检验检测机构制订并发布该工作标准溶液配制指导书,规定该标准溶液的酸度范围,并对相关岗位人员进行培训,重新配制该工作标准溶液,对该物品重新进行检测,监控结果落在上下控制限内。该活动属于"纠正措施"。

【例4-18】 检验检测机构对某元素测量结果的质量保证监控数据控制图表明,某次有证标准物质(粉末)的监控结果虽在上下控制限内,但统计数据表明,连续9个监控结果都在控制限内,测量结果仍然有效;审查工作标准溶液配制记录发现,使用的工作标准溶液已超过6个月,且保存该工作标准溶液的容器密封性较差,溶剂蒸发导致实际浓度缓慢偏高,同时发现,未规定工作标准溶液的保存期限和保存的环境条件要求;为此,该检验检测机构制订并发布各种工作标准溶液的保存期限,选择密封性好的保存容器,重新配制工作标准溶液在规定的保存期限内使用。这些活动属于"应对风险和机遇的措施"。

四、整改检验检测机构的不符合项

检验检测机构管理体系的持续改进是质量管理活动中一个重要环节。当监督、结果质量控制和外部评审等活动中出现不符合工作时,要进入不符合检测工作程序并进行纠正处理,当不符合检测工作可能再度发生或其对实验室的运行及方针和程序的符合性产生偏离可能时,须采取纠正措施,对潜在的不符合检测工作须采取应对风险和机遇的措施。检验检测机构只有切实认真地执行纠正、纠正措施和应对风险和机遇的措施,才能保证机构管理体系的持续改进不断完善,适应内外环境的变化,保证其有效性、适宜性和充

分性。

做得好的固定下来继续执行,"体检"出毛病就要"治病"。"治病"的手段主要有上述纠正、纠正措施和应对风险和机遇的措施三种,这一环节十分重要。机构只有真正弄清了纠正、纠正措施和应对风险和机遇的措施的区别并熟练应用,找出真正的"病因",对症下药挖掉"病根",才不至于同样的错误一犯再犯。当然,即使目前没出现什么问题,也要与时俱进地不断改进提高。下面以情景案例的形式再做一阐述。

(一)案例

情景 1:某检测数据异常。直接原因:使用的标准物质失效。

情景 2:2009 年 3 月 6 日内审时发现电器室检验员在测试微波炉内油温时,一支正在使用的热电偶(编号:×××),其检定日期是 2008 年 11 月 28 日,有效期是 2009 年 1 月 27 日,检测现场正在使用的该热电偶已超过校准有效期。

情景 3:某计量测试所出具的盐雾试验箱(编号为×××)的测试报告中只测试了温度而未测试盐雾沉降量,设备科(实验室设备管理部门)据此报告签发了合格证并粘贴在该盐雾试验箱上。

情景 4:外审评审员在查阅某份卫生纸的检验报告和原始记录时发现,检验员在进行卫生纸孔洞检查时,没有记录各个不同面积范围的孔洞数量,只是简单地记录了"符合要求"。

(二)不符合描述

不符合的描述应事实清楚、证据确凿。如发现不符合项的具体的检测记录或检验报告、检验员未能发现具体检测方法的缺陷、检验员在某一个具体检验过程中未按规定操作、某台检验设备已过校准有效期等。

在保证可追溯的前提下,应尽可能简洁,不加修饰,如"检测人员操作很不熟练""试验台上的移液管架上许多移液管无任何标识"等。

不使用推理性语言,如"检验员用铅笔记录原始数据,将会导致字迹模糊甚至丢失数据""天平室安装了空调机,空调机开启时可能导致天平称量不准确"等。

不使用结论性词语,如"记录信息不够""设备管理有瑕疵""采购的易耗品没有检查"等。

(三)产生不符合的原因分析

1. 原因分析

当识别出不符合时就要分析不符合产生的原因,找到问题的根源,制订措施,消除这个原因,才能杜绝此类事件不再重犯。因而原因分析是纠正措施中最关键而且有时也是最困难的部分。

根据质量因素起作用的主次程度,导致不符合发生的原因可分为直接原因、间接(或称次要)原因和根本原因,每种原因有时可能不止一个。原因分析时要仔细分析产生不符合的所有可能原因,进而从中识别出根本原因。

(1)直接原因:产生不符合或不能阻止产生不符合发生的第一起作用的原因。

(2)间接原因:过程中其他的对产生不符合有贡献或允许不符合发生的那些原因,其本身不会直接导致问题的发生。

(3)根本原因:引起产生不符合或不能阻止不符合发生的最里层,即最根本的原因,它是问题真正的和初始的根源。根本原因一般情况下多于一个。

2.查找问题

找问题根源应多从文件、从制度上寻找,不要把问题个人化,更不要把所有问题都归结为"检验人员工作责任心不强""工作不认真"。在定性"操作者失误"之前首先要明确几个问题:

(1)提供给操作人员的标准是否受控。

(2)是否有正确的作业指导书。

(3)是否正确配置了检测设备。

(4)是否进行了培训。

(5)操作过程是否过于复杂。即使出现了"不真实数据"这样的职业道德层面上甚至法律层面上的严重不符合工作,也要分析是否有来自内外部的压力和影响。

(6)是否参与了有可能损害其判断独立性和检测诚信度的活动。

(7)工作量是否适宜。

(8)有无质量控制措施。

(9)质量控制措施是否科学严密等。

操作者只要不违反操作规程,一般不会成为问题的根源。

寻找问题根源的方法有很多,而目的是要找出为什么问题会发生,从而防止问题重现。质量管理中"5why"的分析方法值得借鉴。即针对一个不符合,多问些"为什么",摆出所有可能的原因,然后再排除那些不是根本原因的"为什么",最终剩下的那个"为什么"便是导致不符合的原因。

对于整个检测过程,还可从 6M,即人(man-power)、机(machine)、料(material)、法(method)、环(environment)、测(measurement)等 6 个方面,根据收集的数据,找出原因。需要指出的是,这里的"测"并不是检验过程中的"检测""测量",而是把实验室的"产品"看作是制造"检测结果数据","测"就是对"结果数据"的质量进行的监视、控制和评价。

(1)人员方面:人员素质是否适合指定工作,人员是否经过培训,人员责任心强不强,人员流动情况,是否建有严格的奖励和处罚制度,工作时间与人体生物钟关系,人员配置结构是否合理,熟练程度如何等。

(2)仪器设备方面:精度够不够,是否适应标准、规范的要求,操作难易程度,可靠性和稳定性如何等。

(3)样品及检测过程中必须的消耗品方面:样品是否适合检验,消耗品是否经过入库检验等。

(4)方法方面:是否按照标准要求的方法进行抽样并记录,是否按标准的要求处置样品,检验方法是否适合预期的要求,现有的条件能否满足标准的要求,工装、夹具是否松动,设计是否合理等。

(5)环境设施方面:实验室温、湿度是否符合标准要求,有无粉尘、噪声、电磁场和振动等的影响,照明是否符合要求等。

(6)测量方面:实验室是否有程序监视、控制从抽样到出具检测报告的全过程,并识别不合格或不满意的结果;所有的质量控制技术是否都建立在相应的统计之上。查找问题的形式有很多种,可以单独交谈,也可以讨论会的形式群策群力,各抒己见,畅所欲言。现代企业管理中常使用的"头脑风暴法"就是很好的集思广益方法。

3. 案例原因分析

分析上述案例的直接原因、根本原因和间接原因(仅为参考原因,还可以找出更多的原因)。

情景1:某检测数据异常。

直接原因:使用的标准物质失效。

根本原因:没有预防性的维护措施来保证标准物质示值有效。

次要原因:检验员在使用标准物质时没有检查该标准物质是否过期,是否做过期间核查,保存环境是否符合要求。

情景2:2009年3月6日内审时发现电器室检验员在测试微波炉内油温时,一支正在使用的热电偶(编号:×××),其检定日期是2008年11月28日,有效期是2009年1月27日,检测现场正在使用的该热电偶已超过校准有效期。

直接原因:检验员使用前没有看校准日期。

根本原因:设备管理部门没有建立严格的计量器具管理制度。

次要原因:检验员没有受过查看热电偶校准日期的培训,即他不知道计量器具必须在有效期内使用;检验任务,没时间查看。

情景3:某计量测试所出具的盐雾试验箱(编号为×××)的测试报告中只测试了温度而未测试盐雾沉降量,设备科(实验室设备管理部门)据此报告签发了合格证并粘贴在该盐雾试验箱上。

直接原因:设备科未对某市计量测试所出具的测试报告进行确认。

根本原因:与外部计量测试机构的合同不够明确,对关键人员培训不够。

次要原因:没有程序规定需要提供给外部计量测量机构的详细信息。

情景4:外审评审员在查阅某份卫生纸的检验报告和原始记录时发现,检验员在进行卫生纸孔洞检查时,没有记录各个不同面积范围的孔洞数量,只是简单地记录了"符合要求"。

直接原因:操作人员不清楚应记录标准要求面积范围的孔洞数量。

根本原因:实验室对检验人员有关技术记录知识的培训不够。

次要原因:实验室对检测过程的监控不到位。

(四)不符合工作的整改

整改包括两层意思:制订纠正和纠正措施。

1. 纠正

就事论事,是消除已发现的不符合而采取的行动,不分析原因,不能保证类似问题再发生。

2. 纠正措施

为消除已发现的不符合或其他不期望情况的原因所采取的措施,是建立在原因分析的基础上采取的措施,目的是防止问题的再发生。对于识别出的不符合,实验室应立即纠正,在纠正的同时或纠正后分析原因,采取相应措施。然而并不一定需要对所有不合格都要纠正并采取纠正措施。有一些不符合无法纠正,或者可以纠正但成本无法估量或不现实,此时只能采取纠正措施以防止问题再发生。比如,原始记录错误,发现后只能另外做出说明并记录,而不能更改先前那个错误的记录,否则就是"原始记录不原始",掩盖了已发现的问题;再如,检验员在检测某个电器产品时电压调节过高导致检测样品烧毁,实验室只能采取措施以保证今后这种错误不再出现,而不能将已被烧毁的该电器修理后再投入检验。

采取纠正措施往往需要花费人力物力、提高成本。所以,实验室要对不符合进行评价。采取纠正措施的力度应与不符合的严重程度以及该不符合造成的风险大小相适应。纠正措施一般是针对那些带有普遍性、规律性、重复性或重大的不合格采取的措施,而对于偶然的、个别的或需要投入很大成本才能消除原因的不合格,实验室应通过综合评价这些不合格对实验室的影响程度后,再做出是否需要采取纠正措施的决定。例如,实验室已最大限度地利用了现有资源将检验报告的合格率提高到99.7%,如果组织想将合格率提高到100%,即消除0.3%不合格的原因,实验室可能需要投入很大的资金来更新设备,改善环境条件,对员工进行培训。这时实验室就需要综合考虑评价不合格的影响、成本效益关系等因素后,再决定是否采取纠正措施或采取何种纠正措施。对于经过评价认为需要采取纠正措施的不合格,实验室应立即采取措施阻止不合格的再发生。

对于不需要采取纠正措施的不符合项,消除或纠正即可。实施了纠正措施后,应当对实施的结果进行监控和验证。如果发现还有类似问题发生,则说明该不符合项的根本原因未找准,纠正措施不到位,需要重新查找根源,制订有效的纠正措施,直至此类问题不再发生,才能关闭该不符合项。

经过评价证实某个不符合项涉及的问题严重,导致对检验检测机构的运作是否符合国家政策、有关通用要求和机构自己的程序产生怀疑,或者对检验业务有危害时,则在实施了纠正措施后还要进行附加审核,以确定纠正措施的有效性。

纠正措施的实施往往会导致对原来质量管理体系文件的修改,此时应遵循文件控制程序修订文件并经批准后实施。

参 考 文 献

[1] 中华人民共和国住房和城乡建设部,国家质量监督检验检疫总局.房屋建筑和市政基础设施工程质量检测技术管理规范:GB 50618—2011[S].北京:中国建筑工业出版社,2012.

[2] 中华人民共和国国家质量监督检验检疫总局,中国国家标准化管理委员会.数值修约规则与极限数值的表示与判定:GB/T 8170—2008[S].北京:中国标准出版社,2009.

[3] 中华人民共和国标准化委员会.数据的统计处理和解释正太样本离群值的判断和处理:GB/T 4883—2008[S].北京:中国标准出版社,2009.

[4] 中华人民共和国国家质量监督检验检疫总局,中国国家标准化管理委员会.合格评定能力验证的通用要求:GB/T 27043—2012[S].北京:中国标准出版社,2013.

[5] 中华人民共和国国家市场监督管理总局,中国国家标准化管理委员会.利用实验室间比对进行能力验证的统计方法:GB/T 28043—2019[S].北京:中国标准出版社,2020.

[6] 中国合格评定国家认可委员会.测量不确定度的要求:CNAS-CL01:2011[S].北京:中国计量出版社,2019.

[7] 中国合格评定国家认可中心,宝山钢铁股份有限公司研究院.材料理化检验测量不确定度评估指南及实例:CNAS-GL10:2006[S].北京:中国计量出版社,2007.

[8] 中国合格评定国家认可委员会.能力验证结果的统计处理和能力评价指南:CNAS-GL002:2014[S].

[9] 顾孝同,冷元宝.实用建设工程质量检测公共基础知识[M].郑州:河南人民出版社,2014.

[10] 冷元宝,唐伟东,朱海群.检验检测机构最高管理者、技术和质量负责人工作实务讲义[R].2017.